JN165085

ガラスの地球とホモ・サピエンス

天変地異・原発事故・温暖化
人類に明日はあるか

馬場 宏

文芸社

はじめに

地球が太陽系の一員として形成されてから46億年、地球上に生命が誕生してから35億年の長い年月が経過しました。その間に、無機質である地球は、それ自身の上に生息する生命体との結びつきを強め、有機的な結合体へと進化したという考え方が有力になってきました。生命体はひたすら環境に適合するのではなく、環境をコントロールするというのです。生命と地球環境が一体に結ばれた自己調整と進化の機能を具えた地球像がガイアと呼ばれる存在です。

ガイアはこれまで幾度となく壊滅的なダメージを受け、その都度装いを一新して不死鳥のごとく再生して来ました。しかしながら、今や過去に類を見ないほどの力を持つようになった人間が、自らもその一員であるガイアに決定的なダメージを与えようとしているように見えます。

人類が地球環境を悪化させているのは疑う余地がありません。私たちは森林を破壊し、環境汚染を引き起こし続け、そのために数多くの生物種が絶滅に追いやられたり、絶滅を危惧されたりしています。また地球上のいたるところで武力紛争やテロが絶えず、貧困と饑餓に苦しんでいる人たちも数え切れません。人類は自分自身をも滅亡の淵に追いやろうとしていると思わざるを得ません。人類は、ガイアにとってまさにがん細胞であると言うべきでしょう。

そう考えて来ると、果たして人類は生存するに値する存在であるのかという疑問を持たざるを得ません。そうは言っても、自分もその祝福されざる種の一員として自らの生き残りを望むとすれば、宿主であるガイアを破壊することなく、ガイアとの共存を図らねばなりません。私たちが生きて行く上で、まず問題となるのが資源の確保、特にエネルギーを手に入れることを考えるとなると、賛成するにしろ反対するにしろ、わたくしたちは原子力問題に関わらざるを得なくなります。したがって、この本では、その大半を割いて原子力に関係する事柄をできるだけ客観的に論じてみたいと思います。

1997年の地球温暖化防止京都会議以降、大気中の二酸化炭素の増加が地球に温暖化を引き起こしているという意見が定着し、二酸化炭素放出量の抑制が国際政治の場で至上命令となって来ました。ここ数年、世界中で発生している異常気象はすべて温暖化の為せるわざと誰もが考えるようになって来ました。その結果は、反原発の嵐が収まり、脱原発へ向かっていた世界の風潮が一旦は反対の方向に向かい始めることになりました。

2011年3月に、我が国の東北地方で発生した東日本大震災の結果、派生した東京電力福島第一原子力発電所の事故の惨状は世界中に衝撃を与え、脱原発の嵐が治まりかけていた風向きは再び方向を転じることになりました。そのせいで、温暖化防止対策の方はひところほどの勢いがなくなりかけているように見受けられます。

確かに、このところの異常気象は温暖化が引き金になっているように思われますが、過去100年間に平均地上温度は僅か0.6度しか上昇しておらず、ここ数年の間に急激な温度上昇があったとは考え難く、異常気象を単純に温暖化のせいとして片付けるのは無理があります。また、二酸化炭素の増加が温暖化の元凶であるという説についても、専門家の間では意見が分かれています。要するに、地球温暖化の正体はまだ良く分からないというのが実情で、そうした中で、人類が、そしてガイアが直面している危機は何なのか、人類に未来はあるのかを明らかにしたいと思います。

世界経済は不景気のどん底に喘ぎ、高い失業率が人々、特に若者を苦しめています。多くの若者たちが明るい見通しを持つことができず、将来に希望を見出せないのももっともであると思います。刹那的な生き方をしている若者たちが増えていると感じるのは著者の僻目でしょうか？　近頃、我が国の出生率が憂慮すべきレベルにまで落ち込んでいますが、若者が未来に希望を持てないこともその原因の一つになっていることは間違いないでしょう。人類の未来に希望はないのか？　私たちは立ち止まってこの問題に向き合わねばなりません。特に、現在の若者たちには自分たちの子や孫の時代に世の中がどうなって行くのかという視点で、この問題に真剣に取り組んでもらいたいのです。その手助けとして、たとえ現状が八方塞がりに見えていても、努力さえすれば現状を打破し、明るい未来を手に入れることも可能であること、まだ希望は残されていることを示したいというのが、本書の目的です。

『ガラスの地球とホモ・サピエンス』もくじ

第1章　宇宙の寿命

宇宙は一点から始まった

現在の宇宙論では、宇宙は今からおよそ140億年前に一点からの膨張で始まりました。これをビッグバンと呼んでいます。宇宙が膨張するにつれて、宇宙空間に一様に拡がったガスにむらが生じた結果、重力による引力の働きによってガスが分裂して収縮が進み、やがて星、銀河、銀河団が生まれました。

わたくしたちの太陽もその一員である恒星は、最初は水素やヘリウムなどの最も軽い元素から構成されていますが、やがて重力による収縮が起って温度が上がり、次々と重い元素が星の中で合成されていきます。中でも質量の重い星では鉄やニッケルなどの元素まで合成が進んだあと、今度は元素の分解が爆発的に起り、星の表面が吹き飛んで、星間空間に物質をまき散らします。これが超新星爆発と呼ばれる現象で、爆発の最中にはさらに重い元素が作られます。超新星爆発の結果、宇宙空間に放出されたガスはやがて収縮を始め、再び星を形成するようになります。このようにしてできた星を第二世代の星と呼びます。わたくしたちの太陽は少なくとも第三世代以降の星であると考えられています。

わたくしたちの太陽系は、このようにして、今から46

億年前に誕生しました。太陽の寿命は約100億年と見積もられていますから、太陽は現在全生涯のほぼ半ばに差し掛かったところと言えます。太陽系の中で、唯一生命の存在が認められている地球に海が出現したのは、およそ40億年前、そして少なくとも35億年前にはすでに生命が誕生していた証拠が見つかっています。

宇宙の膨張と星の死

超新星爆発によって質量を失った星は白色矮星や中性子星となってその一生を終えますが、特に質量の大きな星では重力による収縮が止められず、何ものも外に飛び出すことのできないブラックホールになってしまいます。超新星爆発を起こすことのない質量の小さい星も、様々な原因で質量を失って最後は黒色矮星として死を迎えるのです。

宇宙空間では、星の死と誕生が繰り返されながら膨張が続いていますが、この膨張が未来永劫続くのか、それともある時点で収縮に転じるのかは、学者の間でも意見が分かれています。現在最も有力な宇宙モデルでは、宇宙の平均密度がある臨界密度と呼ばれる量に比べて大きいか小さいかで宇宙の様相が異なります。平均質量が臨界質量より大きければ閉じた宇宙と呼ばれ、宇宙はやがて膨張から収縮に転じ、ビッグクランチと呼ばれる一点に収斂した状態で終わりを迎えます。それに対して、平均質量が臨界質量に等しいかあるいは小さい場合には、開いた宇宙と呼ばれ、宇宙は永遠に膨張を続けます。

宇宙の平均密度については、銀河の数から一応の値が求められていますが、これは目に見える物質だけの量に過ぎません。宇宙にはこの他に観測にかかる物質量の10倍以上もの目に見えない“ダークマター”と呼ばれる物質と、さらに“ダークエネルギー”と呼ばれる正体不明の存在を含んでいると考えられていますので、結局のところ、宇宙がどうなるのかは分かっていません。ともあれ、色々なことを考え合わせると、現在のところ、わたくしたちの宇宙は、いずれにしても平均密度が臨界質量に非常に近い宇宙であろうと考えられています。つまり今のところ、膨張し続けるかやがて収縮に転じるかの判断は付かないと言うことです。

銀河系の運命

わたくしたちの銀河系は、アンドロメダ大星雲やマゼラン星雲など数十の銀河と共に、直径300万光年の“局部銀河団”と呼ばれる集団を作って、互いに重力によって結び付いています。1光年というのは光が1年間に進む距離のことです。宇宙の膨張につれて、1000万光年以上離れた銀河や銀河団は、現在の配置を換えることなく、一団となって遠ざかりつつあります。しかし、銀河の中で、星の誕生と死が繰り返されるうちに、次第にガスの量が減っていきます。ブラックホールや中性子星などに取り込まれたガスが星間空間に戻らないからです。こうして新しい星の生成はなくなり、最も寿命の長い100兆年程の寿命を持つ星が一生を終える頃には、普通の星はなくなり、星の死骸とブラックホールしか銀河には残っていなくなって、銀河は輝きを失います。

かくして、暗闇になった銀河の中で、死んだ星や惑星は以前と同じように軌道運動を続けていますが、近くを他の星が通り過ぎると惑星は弾き飛ばされ、星はエネルギーを得て銀河の外へ飛び出して行きます。こうしてエネルギーの一部を失った銀河は、エネルギーのバランスを取るために収縮します。このような収縮が続くと、ついには銀河の中心部にブラックホールが生まれ、周りの星を飲み込んで巨大化していきます。かくして、10^{17}-10^{18}年（1千兆年の百ないし千倍）後には局部銀河群の中には巨大ブラックホールと僅かの死んだ星だけが散らばっているようになるでしょう。

宇宙は大往生する

大統一理論と呼ばれる最新の理論によれば、最も軽い水素原子の核である陽子といえども安定ではありません。陽子は10^{30}年（1千兆年の1千兆倍）くらいの寿命で崩壊して、光子とレプトンに変わります。レプトンと言うのは、電子やニュートリノのような軽い基本粒子の総称です。この影響は10^{20}年（1千兆年の10万倍）頃から現れ始め、10^{32}年（1千兆年の1千兆倍の百倍）頃には陽子はすべて崩壊し、宇宙には光子とレプトン、それに巨大ブラックホールしか存在しなくなります。そして、光子とレプトンは、銀河の中に閉じ込められることなく宇宙全体に広がってしまいます。同時に、局部銀河群の重力による結合が破れて、銀河はバラバラに分散していきます。10^{66}年位になると星の重力崩壊によって生まれたブラックホールの蒸発が始まるようになります。10^{100}年頃には巨大ブラックホールが蒸発して消滅し、後には光子とレプトンしか残らない何の構造も持たない宇宙が延々と膨張を続けて行きます。宇宙の熱的な死です。

これは開いた宇宙の場合で、その未来には暗黒しかありません。実は閉じた宇宙でも同様で、一旦膨張したのち宇宙は収縮に転じ、銀河や星同志が融合してブラックホールが形成されるようになります。ブラックホールは星や銀河を飲み込んでどんどん成長し、ついには宇宙全体が一つの超巨大ブラックホールになってしまいます。そして収縮はさらに進んで、最後には特異点であるビッグクランチに収斂して終わりを遂げるのです。

宇宙は不死鳥か？

しかし、必ずしもこれで宇宙の命運が極まったという訳でもありません。宇宙の未来については、その過去に比べてあまり研究が進められてはいないのです。

アインシュタインの相対性理論の教えるところでは、あらゆる物質を飲み込んでしまうブラックホールがあれば必ずその反対に物質を吐き出すホワイトホールがなければならないことになります。また、最近の宇宙論では宇宙は一つではなく幾つもの宇宙が併存するという多重宇宙論が重きをなしつつあります。多重宇宙論では、別々の宇宙をつなぐ虫食い穴“ワームホール”が存在するとされています。これらのホワイトホールやワームホールが宇宙進化の晩年にどのように関わってくるのかというような議論は、まだどこでもなされていません。

もし宇宙論が要求するように、物質の吸い込み口であるブラックホールや吐き出し口であるホワイトホールが宇宙に一様に分布していれば、その影響は無視できなくなるのではないでしょうか。物質が他の宇宙に持ち出されれば、宇宙の総質量が減少して、一旦収縮しかけた宇宙が再び膨脹に転じる可能性も考えられます。反対に、ホワイトホールから吐き出された物質は宇宙の再生に向けて働き出すのではないかと思われます。まだまだストーリーが書き換えられる可能性が残されているのです。ともあれ、わたくしたちは人類の生存中に宇宙が消滅してしまうという心配はしなくてすみそうです。

ブラックホールは恐ろしい魔物？

現在最も有力な宇宙モデルであるフリードマン・モデルでは、宇宙が特異点で始まり特異点で終わるということ、さらに、宇宙の初期状態がなぜそうなるかを決められないことは、多くの物理学者にとって大変に居心地の悪いものでした。そのため、ビッグクランチを避けて、収縮から膨脹への“跳ね返り”を出現させようとして、様々な宇宙モデルが試みられましたが、現在までのところ、その試みは成功していません。しかし、もしビッグクランチに到達する前に宇宙の跳ね返りが起こり、しかもそれが超巨大ブラックホールの消滅する以前であるならば、非常に興味ある問題が提起されることになります。

その問題とは、有名なSF作家のアイザック・アシモフが彼の科学読物「大破滅」の中で指摘しているもので、跳ね返りの結果始まる宇宙の膨張は、宇宙全体を飲み込んだ超巨大ブラックホールの中で起こることになります。宇宙スケールのブラックホールのシュバルツシルト半径は10億光年になり、ブラックホール内の平均密度は1立方センチメートル当たり10^{-27}グラム（1千兆分の1グラムの1兆分の1）になります。ここで、シュバルツシルト半径とは、その内側からは光さえも外に飛び出すことのできない球状の空間の半径を表します。これを事象の地平線と言います。シュバルツシルト半径がブラックホールの大きさを表していると考えて良いでしょう。

跳ね返り後の膨張宇宙で発生した生物は自分がブラックホールの中に居ることには気が付かない筈です。その生物はどのような物理法則に支配されているのでしょうか？ただ、シュバルツシルト半径が僅か10億光年に過ぎないことから、わたくしたちはまだこの跳ね返りを経験していないことは確かです。10億光年先には事象の地平線があって、何ものもそれから先へは飛び出せない筈で、これは現在130億光年彼方の天体まで観測しているという事実とは相容れないからです。

第2章　襲い来る危機

大破滅は来るか？

人類の生存中に宇宙が死滅して、われわれが路頭に迷うということだけはどうやら無さそうだということを、前章でお話しました。たしかに、宇宙が無くなれば、それ以上は何者といえども存在することはできません。しかし実際にはそれよりもはるか以前にわれわれの銀河系が消滅する危険が理論的にはあり得ます。ましてや、わが太陽系や地球にもさらに短い時間スケールで絶滅の危機が訪れる可能性があり得るのです。われわれ人類を含めた地球の生態系の未来を考えるには、わたくしたちが現在置かれている状況を知ることが必要です。ここではまず、天文学的ないし地質学的時間スケールで見たときに、わたくしたちを襲うかも知れない天変地異のあれこれについて考察してみたいと思います。

アシモフは彼の著書「大破滅」の中で、宇宙規模から銀河、太陽系、地球各レベルでの天災に、われわれ人間が引き起こす人災をも加えて、五つのクラスに分けて考察を加えています。彼が挙げた災害の中には、避けようのないものから到底起こりそうもないものまで、ありとあらゆる種類の災害が論じられています。ここでは、その中の考慮に値するものについて取り上げてみたいと思います。

これからお話することは、人類さらには地球の生命体がいつまで生存できるかという点に深く関わって来ます。もし全ての生命体が絶滅してしまえば、その後の地球の状態を考えることは無意味でしょう。その点に関する悲観論はひとまず脇に置いて、人類は無期限に生き続けているという立場で考察を進めてゆきましょう。

結論からいえば、銀河スケールでのカタストロフィーは、考慮する必要はないでしょう。したがって、わたくしたちは太陽系が被るかも知れない災害から話を始めます。まず考えられるのは、他の恒星またはブラックホールとの遭遇ですが、確率的には、恒星との遭遇の方があり得ます。

蝕まれる太陽

銀河の外縁部にある大質量星で、核へ近づくような楕円軌道をもつものが、何らかの影響で軌道を変えられて太陽に影響を及ぼすようになるかも知れません。その結果、太陽が中心部に引き寄せられるようになれば、太陽の死が早まることも予想されます。また、ハローの中にある球状星団が銀河面を横切る軌道を描くようになって、太陽に影響を及ぼす可能性もあるかも知れません。われわれの銀河団はケンタウルス座の方向にあるグレート・アトラクターに引き寄せられています。一点に引き寄せられるにつれて銀河同志の衝突が起こり、太陽を含めた星ぼしの軌道が大きく乱されることも当然予想されます。

ホーキングは、宇宙初期に生まれるミニ・ブラックホールの密度は1立方光年当たりおよそ30個と計算しています。これは、太陽の体積の1千兆倍の1万倍の空間の中に1個のミニ・ブラックホールがあることになります。それらのミニ・ブラックホールはとっくの昔に蒸発して消滅してしまっている筈ですが、万一、その中の一つでも未だに生き残っていたとすると、厄介なことにそのような孤独なミニ・ブラックホールは検知出来ません。その代わり、そのようなミニ・ブラックホールがたとえ太陽をかすめて飛び去ったとしても、太陽が影響を受けることはほとんどありません。唯一問題が生じるのは、ミニ・ブラックホールが遅い速度で太陽と正面衝突して、太陽の中に居座ってしまう場合です。最初のうちは見かけ上は何の変わりも見られませんが、ミニ・ブラックホールは内部から浸食を続けて成長し、ある時、突如として太陽が崩壊して、代わりにブラックホールが姿を現すことになります。これは、わたくしたちにとってまことに深刻な事態ですが、そのようなことが起る確率は、上に述べたことからも明らかなように、宝くじの1等に当たるよりもはるかに低くて、絶対に当たることのない宝くじと考えて良いでしょう。

太陽の死

人類が心配しなければならないカタストロフィーは太陽の死です。太陽の寿命は100億年と見積もられています。そしてそのほとんどの時期を主系列の星として、現在と変わらぬ安定した状態で過ごします。太陽の年齢は46億年ですから、このままいけば、あと50億年ほどは私たちは太陽の恵みを享受出来ることになります。しかし、およそ50億年が経過すると、太陽は赤色巨星に変わり、その半径は地球か火星の軌道近くにまで広がります。したがって、運良く太陽に地球が飲み込まれなかったとしても、このままではわたくしたちは生き延びられません。

この異変は絶対に避ける事は出来ませんが、対応策を立てることは間違いなく出来ることでしょう。50億年のうちには、人類は木星の衛星、たとえばエウロパの環境を地球化して移住を完了しているか、もしくは人工的な宇宙都市を作って住んでいるのは間違いありません。もしかしたら、人類は地球に駆動装置を取り付けて、太陽から最適の位置に据えつけ直すこと位はやっているかも知れません。

しかし、問題はそのあとに訪れる太陽の死です。太陽の赤色巨星としての寿命は、僅か2、3億年しかありません。したがって、折角木星の軌道の辺りまで移住したとしても、2～3億年のうちには太陽系を後にして恒星間空間の旅に出なければなりません。

未知との遭遇

かくして、銀河系スケールでは少なくともあと50億年の寿命が銀河系スケールで保証されると期待されます。しかし、太陽系のスケールではもっと短い時間スケールで災害が訪れる可能性があるかも知れません。ミニ・ブラックホールと地球との衝突はどうでしょうか？　もし10億トンのミニ・ブラックホールが地球と遭遇し地球の内部に巣くってしまったら、僅か3億年で、地球はブラックホールに飲み込まれてしまうと計算されています。しかしながら、衝突の確率は太陽の場合のさらに百万分の一と無視できるくらい小さく、その心配はまさに杞憂と言えましょう。

次に考えられるのは、彗星や隕石の衝突です。1908年、人跡未踏のシベリアの森林の中で大爆発が起こり、周囲30キロ以内の樹木は全て周囲に向けて打ち倒されました。同時に、夥しい数の動物が死にましたが、幸いなことに人的被害は皆無でありました。この大爆発には何かが地面に衝突した痕跡は全く認められず、様々な憶測がなされました。これはブラックホールの衝突ではないかという説まで登場しましたが、結局、大気に突入してきた小彗星の氷の部分が、余りにも急激に蒸発したために爆発的に四散したのだという結論に落ち着きました。爆発が起きたのは、恐らく地上十キロメートル足らずの空中であったろうと推測されています。

彗星の落下場所が人跡未踏の奥地であったことは全くの僥倖と言うほかなく、もしこれが都市の真ん中であったときの被害はいうまでもなく、海の真ん中に落ちても、その結果引き起こされる津波の被害は想像するだに恐ろしいものです。そのような出来事がいつ、どこで起こるかを予測することは現在の技術では不可能で、逃れることはできません。

それでは隕石はどうでしょうか？　これまでに知られて

いる最大の隕石は南西アフリカのナミビアに落下したもので、これは未だに地中に埋もれたままで、重量はおよそ66トンと推定されています。また、隕鉄については34トンのものが最大で、ニューヨークのヘイドン・プラネタリウムに展示されています。幸いなことに、これまでに隕石の被害によって死亡した人は皆無で、隕石に当たることを心配している人は誰もいないと言っていいでしょう。とはいえ、隕石は、落下頻度が結構高いので、何らかの被害を私たちに与える可能性は否定できませんが、たとえ被害を受けたとしても小さく、大災害が引き起こされることはないでしょう。

最近の研究によって、隕石のソースは小惑星帯にあることが分かっています。数百メートルから数キロメートルの小惑星の中には周りの星からの引力の影響を受けて軌道を変えるものが出てきます。その中には、ひしゃげた楕円軌道をとって、地球の軌道の内側にまで入り込んでくるものがあり、これらは近地球小惑星と呼ばれています。この小惑星が地球に落下する隕石の母体と考えられています。地球に大被害をもたらすような巨大隕石や小惑星の飛来する頻度は極めて低いと思われますが、それでもそのような衝突はゼロとはいえず、その痕跡を示すクレーターが20程、地球上に見つかっています。

恐竜の死

6500万年前、全盛期を迎え我が世の春を謳歌していた恐竜が地球上から突然姿を消したことは、長年生物史上の謎とされてきました。1977年、若い地質学者のウオルター・アルバレスは、この謎に挑戦するべく、白亜紀と第三紀の間にあるC/T境界層と呼ばれるわずか1センチメートル足らずの粘土層に着目しました。彼は、この粘土層に含まれる元素の分析を、ノーベル物理学賞受賞者である父親のルイス・アルバレスを通じてバークレーの化学グループに依頼しました。その結果、分析した土壌には、地球上の希少元素であるイリジウムが大量に含まれていることが分かりました。このことから、彼等はC/T境界層は宇宙から飛来した天体が地球に衝突した後のチリが積もって形成されたと推論しました。そして様々なデータを基に、直径およそ8キロメートルの少惑星が落下した結果、巨大津波と大火災が発生して地球全体を破壊し、気候の変動によって恐竜が絶滅したと提唱しました。

かれらの説は、始めはほとんどの生物学者特に古生物学者には受け入れられませんでした。かれらの反対の最も大きな根拠は、恐竜がそんなに短時間の間に絶滅したことはあり得ず、恐竜の化石等から見て、恐竜からほ乳類への移行はもっと緩やかに起こったと考えるべきであるというものでしたが、衝突説を裏付けるデータが次々とみつかり、いまでは天体衝突説が定着してきたようです。

アルバレス親子はさらに地質学的、古生物学的な研究を進め、このような大変動が一度ならず、大体2600万年の周期で繰返し起こっていると結論しました。何故2600万年毎に周期的に大衝突が繰り返されるのかについて、かれらは太陽系に9番目の未知の惑星が存在し、その運行が周期的に小惑星の巣をかき乱すためと主張し、その惑星をネメシスと名付けました。かれらの理由付けはともかくとして、災害が繰り返して起こるという点に関してはかなり説得力があり、そのような事態が起ることをわたくしたちは覚悟しておくべきであろうと思います。

天が落ちてくる！

かくして、天が落ちてくるという恐怖は単なる夢想に過ぎないと笑ってはいられず、にわかに現実味のある話としてわたくしたちの前に姿を現わすことになりました。かれらが正しければ、次の大衝突は1300万年後に起こる筈です。願わくば、その時までに人類は宇宙の監視態勢を整え、襲い来る小天体を発見したら、すかさずその進路をそらすなどして、危機を回避する手段を開発しておいて欲しいものです。

小惑星か彗星が地球に向かって来る可能性が示されたことを契機に、アメリカ航空宇宙局の依頼によって、1981年に、その対応策を検討する特別研究が行われました。この場合、飛来する小惑星を核ミサイルで粉砕する方法は採れません。粉砕された破片はそのまま地球に向かって飛んで来るため、大災害を免れることは出来ないからです。

この研究に参加したルイス・アルバレスを始めとする研究者たちは、1908年のシベリアの大爆発の痕から見て、その爆発力は50メガトンもの核爆発に相当すると推定し、これを避ける最善の方法は、小惑星に着陸して、そこに穴を掘り、穴の中で小さな核爆発を起こさせることであると結論しました。爆風によって推進力を与え、小惑星全体をロケットに変えれば、元の軌道から少しずつ逸れるように仕向けることができる筈です。したがって地球から十分離れている早い時期に方向を変えてやれば、地球を逸らすことが可能になるでしょう。

この天体が小惑星でなく大部分が氷とダストでできている彗星の場合には、異なった方法が可能であることが、物理学者のハイドによって示唆されました。彗星の核の表面から4.5キロメートル程上空で核爆弾を爆発させると、爆発による熱風は彗星の表面の水を蒸発させ、その蒸気が彗星をどこかへ追いやるであろうと考えたのです。計算によると、熱風が十分に拡がれば、爆発によって彗星が粉々になることはないという結論が得られたのです。

長くなる一日

天文学的スケールで地球の上に現れる変化は、人間の時間尺度からすれば、極めて緩やかに出現します。たとえば、潮汐作用によって地球の自転は次第に遅くなります。この計算でいくと、失った角運動量を補うために地球と月の共通の重心のまわりの公転が加速され、月は地球から遠ざかります。

アメリカの古生物学者のウエルズは、4億年前のサンゴの化石を調べて、当時の一年は400日であったと結論しました。つまり1日の長さが22時間であったことになります。このことは過去の日食の記録から計算した1日の長さとも合致します。70億年後には、1日の長さが現在の2倍以上に伸び、地球の自転はすっかり失われて、常に同じ面を月に向けているようになります。しかし、この頃には人類は太陽系を離れ、遥かな恒星を目ざして宇宙空間の旅を続けていることでしょう。

氷河期と大周期季節

数十ないし数百万年の時間スケールで起こる変化についてはどうでしょうか？　過去百万年の間に、地球上の生物は数回の氷河期に見舞われました。現在は間氷期に当たると思われます。氷河期の起こる原因については色々な説が挙げられていますが、ともあれ、僅かな気候の変化が原因で夏にも溶けずに残る氷の量が増えると、太陽から地球が受け取る熱量が減って、連鎖的に地球の寒冷化が進むという点では一致しています。

1920年、ユーゴスラヴィアの物理学者ミランコヴィッチは、地球の自転軸の傾きの変化、地球公転軌道の離心率の変化、太陽や月の引力によって生じる歳差運動という互いに異なる周期を合成すると10万年周期の大周期季節が現れると唱えました。彼の説によれば、氷河期は大周期冬季ということになり、現在は大周期春季から大周期夏季を迎えようとしているところになります。したがって、次の氷河期は5万年先ということになります。

彼の説は、発表当時はウエーゲナーの大陸移動説と同じように全く相手にされませんでしたが、56年後の1976年になって、ヘイズ、インブリー、シャクルトンの三人の科学者によって正しいことが証明されました。彼等は、周囲から擾乱を受けないインド洋の二つの地点でコア・サンプル（円柱形試料）を採取して、過去50万年の間ずっと海に生息していた放散虫が沈殿物の中に残した骨格の分布を調べました。そして温水と冷水の中での放散虫の骨格の違いから、海水温度の年代に対する変化曲線を作りました。

その一方で、彼等は質量数16の酸素16と酸素18の存在比を測りました。酸素16の方が僅かに蒸発し易いために、地上に降る雨や雪の方が海水中より酸素18を余計に含んでいます。したがって、雨水や雪が陸に固定される氷河期の方が酸素18の割合が大きくなる筈です。

これら二つの異質な方法によって導き出された結果は完全に一致し、その上ミランコヴィッチの大周期季節説とも一致したのでした。かくして、5万年後には次の氷河期が訪れることは間違いないように思われますが、人類がそれを深刻に悩む必要はないでしょう。地球上の生物種が、過去の氷河期において、数を減らすことはあったとしても、絶滅したという証拠はありませんし、ましてや未来の人類がそれを乗り越えられない筈はないからです。むしろ氷河が発達して海水面がさがり、大陸棚が露出するだけ、人類にとっては好都合ということになると思われます。陸上の動物にとっては厳しい試練となるでしょうが、海の生物にとっては、むしろ海水中の酸素の濃度が高くなって餌が豊富になり、生存に適した環境になると思われます。われわれにとっては、地球寒冷化よりも地球温暖化の方がより深刻で、さしせまった問題なのですが、これについては後に触れたいと思います。

羅針盤が使えない！

1906年、フランスの物理学者ブリューネは、火山岩の中に通常の向きとは逆方向の磁性を持つものがあることを発見しました。その後の研究によって、N極が通常の北を指す結晶の他に、N極が南を指す結晶も数多く見つかりました。これらの岩石の年代を測定すると、過去70万年間地球の磁場は現在と同じ方向を向いていましたが、それ以前の百万年間には、間に2回の“正常期間”を挟んで、あとは逆転していたことが分かりました。さらに、過去7千6百万年の間に、少なくとも171回に及ぶ地球磁場の逆転が確認されています。その間隔は非常に不規則で、5万年から300万年にわたっています。

磁極が逆転するメカニズムについてはよく分かっていませんが、徐々に磁場の強さが減っていって、磁場ゼロの点を通り越して逆転すると説明されています。磁場の信頼できる測定法が確立した1570年に比べると現在は約15％地球の磁場が弱くなっており、これからいくと、西暦4000年には磁場はゼロになると予想されます。この時、赤道付近における宇宙線被曝はおよそ2倍に増加するであろうと予測されます。この程度の増加であれば、被曝による突然変異やガンの発生率の増加は全く認知できないでしょうが、将来、もしこの磁場の消失時に、近くで超新星爆発が起った場合には、その影響が無視できなくなるかも知れません。ともあれ、人工衛星によって位置が正確に測れるようになった今では、磁場の消失・逆転現象は、個人レベルでの多少の混乱を引き起こす以上の重大な問題とはなり得ないでしょう。

第3章　天変地異

ノアの方舟

ノアの方舟の話を知らない人は、まずいないでしょう。不思議なことに、大洪水の言い伝えは世界各地に残されています。このことは、太古の時代に全地球規模の超弩級の洪水があったのではないかと思わせます。もし実際に大洪水が起こったとすれば、その原因として考えられるのは、かなり大きな小天体が海の真ん中に落下して巨大津波を発生させたか、あるいは放浪惑星が地球のすぐ近くをかすめて通り過ぎたために、とてつもなく大きな潮汐作用を引き起こしたこと位ですが、そのような痕跡は今も見つかっていません。そのため、そのような大洪水があったとは信じられておらず、アシモフなどは、チグリス・ユーフラテス河流域に住んでいたシュメール人を襲ったBC2800年頃のすさまじい大洪水の強烈な印象が西洋社会に広まって、大洪水伝説となったのであろうと考えています。

しかし、西洋文明とは無縁だった地域にも、古来の言い伝えとして大洪水伝説が数多く見受けられ、とても一地方の記憶が基になっているとは承服できない面があります。過去百万年かそこらの間に地球の生命の大半が生存を脅かされる程の大洪水がなかったという結論は、したがって疑ってかかる必要があると思われます。そして、あったとすればその原因を突き止め、対応策を準備することが要求されることになります。

ヴェスヴィオ山の噴火

火山の噴火にも、ノアの洪水に劣らぬ程有名な話があります。それはポンペイとヘルクラネウムの両市を廃虚と化したナポリの近郊にあるヴェスヴィオ山の噴火です。ノアの洪水と違うところは、この噴火がAD79年に現実に起こったことが確認されている出来事である点です。ローマ帝国皇帝の小プリニウスによる記録がある上、18世紀初頭から始められた発掘調査によってその全貌が明らかにされたことで、噴火の代表的な例という地位が確立しています。

現在では、噴火はウエーゲナーの大陸移動説に始まるプレート・テクトニクスと密接に結び付いていることが知られています。プレート・テクトニクスによれば、地球の表面は何枚かのプレートに分かれており、プレート同士の境界線に沿って火山が並んでいます。

世界地図をみると、大概の人は南アメリカの東岸とアフリカの西岸が驚く程良く似ていることに気がつきます。ウエーゲナーは、このことと、生物種の分布が両者の間で連続的に繋がっていることから、かつては全ての陸地が一つの大陸に纏まっていたのではないか、そして何らかの理由でそれらがバラバラに分離し始め、現在の地形になったのだという大陸移動説を唱えました。そしてこの原大陸をパンゲアと名付けました。彼の説は、始めは地質学者に全く相手にされませんでした。大陸を移動させる駆動力について納得のいく説明ができなかったからです。しかし、その後地磁気の研究によって、地磁気の分布もパンゲアの存在を裏付けていることが明らかとなり、大陸移動説は確からしくなってきました。

押し流される大陸

大西洋の海底に電信ケーブルを敷設するために始まった海底の調査が契機になって、大西洋の中央を突っ切って巨大な海底山脈が存在することが分かってきました。これにはフランスの物理学者ポール・ランジュヴァンが開発したソナーが大いに貢献しています。やがてこの山脈は他の大洋にまで伸びて、地球を取り巻く"中央海嶺"を形成していることが分かってきました。

第二次世界大戦後の研究によって、この海嶺の中央の軸に沿ってかなりの長さの深い峡谷のあることが発見され、"世界大亀裂"と名付けられました。世界大亀裂によって、地球の地殻は幾つかの大きなプレートに分けられています。これらはギリシャ語が基になってテクトニク・プレートと呼ばれ、地殻の変化をこれらのプレートを用いて研究する学問がプレート・テクトニクスです。

テクトニク・プレートの発見によって、大陸移動のメカニズムが明らかになってきました。アメリカの地質学者ゲスは、1960年に、大西洋中央の世界大亀裂の位置で、熔岩が遥か底の方から次々とゆっくり沸き上がってきて表面付近で硬化しつつ、二つのプレートの間を押し拡げている証拠を示しました。こうしてプレートが広がっていくにつれて、大陸も1年に2センチから18センチの割で引き離されていくのです。つまり、大陸は漂流するのではなく、押し流されるのでした。その顕著な証拠を私たちはハワイ諸島に見ることができます。ハワイの島々は、生成した年代の古い順に一列に並んで、日本列島に向かって年々近付いているのです。

このような変動をもたらすエネルギーの源は、地殻の下にある高温高圧で流動状態になったマントルが互いに正反対の方向に回る対流を形成することによると考えられています。これによって、隣接する二つのプレートは押し拡げられ、それらの反対の端は隣のプレートに押しつけられることになります。二つのプレートがゆっくりと押しつけられるときには皺になって山脈ができますし、早く進行すれば、相手の下に潜り込んで熔けてしまい、海底がこれに引き込まれると“海溝”が形成されます。それに伴って、地殻には歪みに伴うエネルギーが蓄積されていき、やがて地震を誘発することになります。

このようにして、大陸は合体と分裂を何回も繰り返すことになります。パンゲアが最後に形成されたのは、恐竜が繁栄しようとしていた2億2千500万年前、そして分裂が始まったのは1億8千万年前のことです。プレートの動きそのものは非常に遅いため、カタストロフィーを引き起こす心配はありませんが、プレートが関わった局地的な破壊が起こることを免れられません。それが火山の噴火と地震です。

噴火のエネルギー

プレートの境界線は地殻の亀裂となっており、“断層”と呼ばれます。1995年に発生した阪神大震災で、わたくしたちはすっかり活断層という言葉にお馴染みになりました。断層は構造的に弱いため、ところによっては、地殻の遥か下の方から熱や熔岩が上がってきます。それが温泉や蒸気の噴出となって現れるのです。間欠泉は、地下水が暑くなりすぎて蒸気圧が臨界点に達し、熱湯を周期的に噴出させる現象です。場所によっては、その熱がもっと劇的な様相を呈することがあります。熱によって溶かされた岩石が熔岩となって、次々に噴出し、だんだんと積み上がっていきます。わたくしたちには、雲仙普賢岳の噴火で出現した熔岩ドームでお馴染みの現象です。

この熔岩ドームの大きく成長したものが火山で、その後活動を続けているものも、活動を止めてしまったものもあります。長期にわたって活動を続けている火山は危険度が低く、逆に休止している火山の方が要注意です。今から50年位前までは、長いこと活動していない火山は、噴火の恐れはなくなったとして“死火山”という呼び方をしていましたが、現在では死火山という分類は止めて、全て休火山と呼ぶことになっています。

実は、この休火山こそが潜在的な危険をはらんでいるのです。長い間活動を停止していた火山では、熔岩の通路である中央の穴は完全に固まっており、何も起こらなければ問題はありませんが、たまたま長い休止期間の後で突然過剰の熱を生み出し始めると深刻な事態になります。地下で作り出された熔岩は出口を塞がれているために次第に圧力が高まり、遂には頂上を破って、ガス、蒸気、岩石や熔岩を噴出します。もし火山の下に地下水が溜まっている場合には、水蒸気爆発を起こして山の半分以上も吹っ飛んでしまうような惨事が起きることになります。わが国では、磐梯山にその痕を見ることができます。

噴火が滅ぼした文明

近代に入って最大の噴火は、スマトラとジャワの間のスンダ海峡に位置するクラカトア島というマンハッタン島よりやや小さい島に1883年に発生した噴火でした。地震の前触れはあったものの危険を感じる程のこともなく過ぎていた時に、突如として途方もない大爆発が起こり、島そのものがほとんど失われてしまいました。爆発の威力は最強の水素爆弾の26倍に及ぶと見積もられています。爆発は津波を引き起こし付近の島々を洗い流したのみならず、その影響は世界中に及びました。クラカトア島ではあらゆる生命が死に絶え、163村、3万6千人の人命が失われました。

最近になって、実は紀元前にもっとすさまじい噴火があったことが分かってきました。南エーゲ海、アテネの南東約230キロメートルのところに、丸い大きな噴火口を抱え込んだ三日月型のティラという島があります。この島は、過去に何回も噴火を起こしていますが、最近の発掘で、BC1470年頃には今よりももっと大きな島で、その南150キロメートルにあるクレタ島を中心に栄えたミノア文明の拠点のひとつであったことが分かってきました。しかし、クラカトア島の噴火の5倍の威力を持った噴火に襲われ、ティラ島の全ての生命が失われただけでなく、同時に発生した津波がクレタ島を襲って破壊の限りを尽くし、ためにミノア文明は滅びてしまいました。発展途上にあったギリシャ文明が爆発前の水準にまで立ち直るには、実に一千年近くの歳月を要したのでした。

ティラ島の噴火は一つの文明を滅ぼした唯一の例です。この爆発はエジプト人によって記録されていましたが、千年という長い年月の間に歪められ、プラトンがこの出来事を対話集に書き表した時には、舞台は大西洋の真ん中に沈んだ大陸に置き換えられていたのだとアシモフは考えています。プラトンはこの大陸をアトランティスと名付けましたが、この物語に触発された人々が太平洋やインド洋にも同じような大陸があったに違いないと考え、レムリア大陸、ムー大陸と名付けた“失われた大陸”探しに没頭しました。現在では、そのような出来事は、ほぼ完全に否定されていますが、一部の人々は未だにこのロマンを追い続けています。

過去において火山の噴火が悲惨な災害をもたらしたとは

いえ、大規模な噴火には必ず前兆があり、予め十分な監視態勢が整っていさえすれば、住民を避難させる時間的な猶予が得られて人命の損傷を最小限に抑えることができるので、現代ではそれほど恐れる必要はありません。それより恐ろしいのは、巨大地震の発生です。地震は前兆無しにいきなり起こる場合が多く、また巨大地震の場合には、あとに余震が続くのが通例です。

始末が悪い地震

地震も噴火と同じくテクトニク・プレートの境界に歪みがたまって蓄積されたエネルギーが解き放たれることによって起こります。エネルギーがたまり過ぎる前に何回も適度な大きさの地震を起こしてエネルギーを解き放っている場所はかえって安全です。ところが、長いこと大きな地震もなく、地震の怖さをほとんど忘れているような所は、巨大地震に襲われる危険があるのです。そのよい例が、1995年に起きた阪神大震災（兵庫県南部地震）でした。関西地方には、1946年に、近くで発生したマグニチュード8.0の南海地震の記憶を除けば、過去100年以上にわたって地震らしい地震もなく、地震に対する警戒心をほとんど失っていたときに、突然マグニチュード7.2の大地震に襲われたのでした。いざというときの危機管理体制が、自治体だけでなく政府にも整っていなかったため、救援活動は思うにまかせず難航しました。とくに、地震直後から発生した大交通渋滞のために、救急車や消防車が現場に到着できず、救えた人命の多くがみすみす失われてしまいました。

阪神大震災は典型的な都市型の地震であり、6400人を越す人命が失われたほか、鉄道の寸断、高速道路の倒壊、神戸港の壊滅等の重大な経済的損失をもたらしました。中でも、神戸港は極東における物資集積の中心であるハブ港の地位を地震を契機に海外に奪われ、未だに震災前の水準を回復していません。

しかしながら、この地震は直下型地震であったため、液状化現象により大被害を受けた神戸港一帯を除けば、破壊が活断層沿いの僅か数百メートルの巾に限られたため、発生直後は別として、周囲からの救援活動がさほどの困難を伴わずに行い得たことは幸運でした。その上、地震発生が人々の起き出す前の夜明けであったことも幸いして、破壊のすさまじさに比較して人的被害が少なくて済んだと思われます。さもなければ、死者・行方不明合わせて14万人を出した1923年の関東大震災を上回る人命の損失を被ったかもしれません。

過去最大の地震災害

噴火に比べれば、地震の方が遥かに甚大な被害を及ぼすことは間違いのない事実です。死者の数という観点からすれば、1556年に中国の中部で発生した地震が最大最悪で、83万人の死者を出したという言い伝えがありますが、確かではありません。もっと確実なところでは、1976年に、同じく中国の北京東南部で起きた地震で天津の町が破壊され、公式には24万人の死者が出たとされていますが、非公式には65万5千人が死亡したとも報告されています。

2004年末にインドネシアのスマトラ島沖で発生した、マグニチュード9.0の巨大地震によって発生した津波がインド洋沿岸の国々を襲い、死者・行方不明の数は、2005年1月末の時点で、30万人に達しました。また、この津波による被災者は数百万人に上ると見積もられています。これは、津波による災害としては未曾有の大きさであり、“tsunami”という世界共通語を一遍で人々の意識に植え付けることになりました。このように大きな被害が生じた原因は、地形的な問題もさることながら、社会の無知と貧困が大きな比重を占めています。救援活動を含めて、今後の対策が、国連を中心にして、世界的な規模で進められました。

今後、地震に関連して予想される最大の被害は、巨大地震が人口の密集した大都会を襲った時でしょう。殊にそれが一国の首都であれば、人的被害のみならず、政治経済に空白状態を生じて、国家が存亡の危機に立たされることもあり得ると覚悟しておかねばなりません。それを避けるためには、首都機能を分散して、第二首都を作っておく等のバックアップ体制を整えておくことが必要です。

人的被害に限れば、人口密集地の上流に巨大ダムが作られているような場合も要注意です。たとえば、揚子江の三峡ダムがもし巨大地震によって破壊されれば、失われる人命の数は測り知れないものとなるでしょう。幸いにして、三峡ダムのある地点はプレートの境界からは遠く、地震の恐れは多分無いと思われますが……。

2011年に我が国の東北地方で発生したマグニチュード9.0の大地震によって引き起こされた大津波は岩手・宮城・福島の三県に大きな被害をもたらし、失われた人命は、死者行方不明者を合わせて1万8千人を超えています。同時に東京電力福島第一原子力発電所の3基の原子炉が津波によって完全に冷却機能を失い、水蒸気爆発を起こして、放射能を世界中にばらまくことになってしまいました。福島第一原発の事故は、天変地異が原因で引き起こされた世界初の原子力災害になりました。

地震は予知できる？

世界有数の地震国であるわが国の地震研究は世界の先頭を走っていますが、それでも満足のいく成果が得られているとは言えません。現在予想されている最悪の事態は、太平洋ベルト地帯に明日にも発生するであろう東海地震及び近畿・四国にまたがる東南海・南海地震です。東海大地震の予知のためには、相模灘から駿河湾、遠州灘にかけて手厚い監視態勢が敷かれていますが、皮肉なことに、阪神大震災を始め、最近の大きな地震はこれまで予測されていない場所で起こっています。今では地震予知連絡会も、短い時間スケールでの地震の予知は原則的に不可能であることを認めています。

地震学的に地震の予知が出来ないなら、その他の方法で大地震を予知しようという試みが、主として市井レベルで行われています。地質学的に言えば、地震が起こる直前には、電気抵抗が減少する、地面が上向きに膨らむ、ゆっくりとした岩盤の伸びによって開いた裂け目に下から地下水が流れ込んで水位が上がる、空気中に放出されるラドンの量が増えるなどの変化が生じることが考えられます。そのほかにも、断層でずれが起こるさいに、電磁波が発生する可能性があり、現に阪神大震災の時には、道路上を青い光が走ったことが目撃されています。

直前に迫った地震を知る最も重要な前兆は、動物の取る奇妙な行動であると民間では信じられています。いつもはおとなしい馬が突然棒立ちになる、犬が吠え魚が飛び跳ねる、蛇や鼠のようないつもは穴の中に潜んでいる動物が突然外へでてくるといった行動を取ると言われています。これは、かれらがわれわれより遥かに鋭敏な感覚を備えているために、ほんの僅かな先触れを察知するのであろうと考えられています。

中国ではこのような予知法の研究が特に盛んで、政府が音頭を取って全国的に進められています。多数の人間が自然や動物の変化を探知するために動員され、ために、地震の起こる1日か2日前に地震を予知し多くの命を救った、特に1975年の中国北東部の地震に関しては大成功を収めたと主張しています。しかしながらその翌年に起きた超大型地震については、予知に失敗したことは明らかで、彼等の主張は輝きを失ってしまいました。

噴火と地震の予防

火山の噴火や地震について、予知以外に何らかの予防策がいつの日か可能になるのでしょうか？　少なくとも火山については、マグマ溜まりに届く穴を開けて熱を取り去り熔岩にかかる圧力を下げることは、そう遠くない将来可能になるのではないかと思われます。もしこれが実現すれば、地球の内部熱をエネルギーとして利用するという一石二鳥の効果があり、わたくしたちにとって大いなる朗報となります。

地震については、地殻に蓄積された歪みエネルギーを解消させる手段が見つかるかどうかが鍵になります。たとえば、断層に沿って深い井戸を何本も掘って、そこに高圧で水を送り込み、地下水の流れを変えることによって、断層のずれを少しずつ起こさせて歪みを解消させるといったことが可能になれば、わたくしたちも安心していられます。将来的には、地殻の歪みを緩和する手段についての研究が進んで満足の行く成果が得られると期待して良いでしょう。

天候不順や風水害なども大きな被害を与えることがあります。近代においても、1877年と1878年に中国で起きた飢饉では950万人が死に、第一次大戦後のソ連では500万人が餓死しました。また、1931年の黄河の氾濫では370万人が溺死したと推測されています。しかし、これらは噴火や地震とは違って、政治の貧困や戦争などの人災の面が大きく、防ぐことは十分できる筈です。

第4章　伝染病

ローマ帝国の災難

人類は繰り返し疫病のまん延に苦しめられて来ました。過去に人類が被った被害の深刻さでは、疫病は地震や噴火を遥かに凌駕します。ローマ帝国が最盛期を誇っていた2世紀半ば、小アジアの東端での戦いから凱旋するローマ軍の間に天然痘と思われる伝染病がまん延し始め、伝染病はそのままローマとその周辺に持ち帰られました。伝染病はあっという間に猛威を振るい始め、最盛期には、ローマ市内で毎日2000人の人が死んで行ったと言われています。人口は激減し、20世紀に入るまで以前の人口に回復することはありませんでした。人口の減少と共にローマ帝国は衰退の道を辿って行きました。

帝国の西部諸州がゲルマン民族の侵入によって失われたのち、東に移ってコンスタンチノープルを首都とした東ローマ帝国は、皇帝ユステイニアヌスの下に、アフリカ、イタリア、スペインの一部を回復して、帝国の再統一が成ったかに思われましたが、541年、腺ペストに見舞われてしまいました。その結果、2年の間にコンスタンチノープル市の人口の3分の1から半分を失い、周辺でも多数の死者が出ました。人口の大半を失った東ローマ帝国は勢いを失い、帝国再統一の望みも潰えて、以後衰亡の一途を辿って行くことになります。

ペストと酔っぱらい

人類史上最悪の流行病は、1330年代に中央アジアに端を発した新種の腺ペストでした。ペストは黒海を経てヨーロッパ全土に広がり、当時の地球全人口の3分の1に相当する6000万人かそれ以上の人命が奪われました。例外的に軽く済む罹病者もありましたが、たいていは激しい症状に見舞われました。患者のほとんどは、最初の症状が出て1日から3日の内に死亡しました。病状の末期に内出血による黒い斑点が出ることから、この病気は"黒死病"と呼ばれました。幾つかの国は壊滅的な打撃を受け、二度と立ち直ることができませんでした。これ以前にも以後にも、人口比で黒死病程多くの人命を奪った災害はありません。

強い酒には伝染病から身を守る働きがあるという迷信が流行り、黒死病に怯えた人々は争って蒸留酒を飲みだしました。酒の酔いが恐怖心を麻痺させる効果がその傾向をさらに助長しました。蒸留酒は1100年頃から作られるようになりましたが、ここに来てアル中がヨーロッパ中に広がることになりました。一旦身に付いた飲酒の習慣は、黒死病がおさまったあとも廃れませんでした。黒死病はまた労働力の供給を極めて急激に断ち切ることで、封建経済を根底からひっくり返してしまいました。

黒死病以後、最も猛威を振るった伝染病は"スペイン風"（インフルエンザ）で、1918年の1年間だけで世界中で3000万人が死亡しました。これは同じ年に終結した第一次世界大戦の4年間の死者数800万人の4倍以上の数になります。とはいえ、この病気による死者数は全人口の2%に過ぎず、全人口に対する比率からすれば、黒死病の比ではありません。

天然痘に滅ぼされた地上の楽園

コロンブスが新大陸に上陸したのは1492年でしたが、その時に天然痘が新大陸に持ち込まれました。それまで、アメリカ大陸には天然痘という病気は存在しておらず、したがって、人々は天然痘ウイルスに対する免疫を全く持っていませんでした。そのため天然痘は大流行し、瞬く間にメキシコから南米までの広大な地域が天然痘に席巻されたのでした。コロンブスがアメリカ大陸に上陸した当時は2000万人とも3000万人とも言われたメキシコのインディオの人口が、100年後にはわずか160万人にまで減ってしまったと言われています。

メキシコ中央高原に栄えたアステカ王国はコルテス率いる600人足らずのスペイン軍に、また南米のインカ帝国はピサロに率いられたスペイン軍によって16世紀前半に滅ぼされましたが、その原因は謎とされています。アステカ王国にしてもインカ帝国にしても、決して未開人の集団ではありませんでした。それどころか、ヨーロッパ文明を凌ぐ高度な洗練された文明が花開いていました。アステカ王国の都に足を踏み入れたコルテス一行は、余りにも美しい町並を目の当たりにして、夢かとばかりに驚いたと記されています。

帝国の滅亡は内部分裂や迷信がその引き金になって起ったというのが、一応表向きの原因とされています。しかし、何度も窮地に陥った末にようやく征服を果たしたコルテスの場合には、当時流行していた天然痘が決定的な影響を与えたことは間違いありません。インカ帝国の場合には、僅か200人の兵士によるたった一日の殺りくによって止めをさされてしまったことはさらに謎に満ちており、天然痘騒ぎで戦争どころではなかったと考える以外に納得の行く説明は付かないように思われます。

この恐ろしい天然痘も種痘というワクチンの発明によって地球上から姿を消し、1980年5月には、世界保健機構（WHO）は天然痘の根絶宣言を行いました。ところが、それに代わって致死率の非常に高い新種のウイルスが次々と登場して人類を脅かしています。世界中に蔓延し、感染者が4000万人と言われているエイズウイルスが最も有名ですが、危険性から言えば、エボラウイルスがその最たるものでしょう。

密林の悪魔

エボラウイルスが最初に人類を襲ったのは、1976年のことでした。場所はアフリカのザイールとスーダンの国境近くの小さな街で、一人の男性が体中から血を流して死んでいたのが始まりでした。後に、この新型のウイルスは、町を流れる川の名にちなんでエボラウイルスと呼ばれることになります。ザイール政府は軍隊を出動させて町を封鎖し、感染地域を封鎖して汚染の拡大を防ぎました。それにより、感染者600人、死者430人を出した時点で、感染の流行は終焉を迎えました。

エボラウイルスが一旦体内に侵入すると、骨格筋と骨を除く全ての臓器、生体組織の中で増え続け、臓器の壊死や組織の破壊を引き起こし、腐敗が始まっていきます。最後は患者の体内から大量の血液を流出し続け、激しい痙攣を起こして死に至ります。患者が死亡した後も、大量の血液が洩れ続けます。この最後の様子は、アメリカ陸軍のバイオハザード部隊によって"炸裂"と名付けられています。

死の寸前に起こる痙攣と炸裂は、エボラウイルスが生き残るための手段であると考えられています。彼等は死亡前後にまき散らした血液に潜んで、次の獲物を捕獲するのです。

1976年に人類を襲った後、1980年にちらりと姿を見せた以外は、エボラウイルスは忽然と姿を消してしまいました。しかし、消滅してしまった訳ではなく、アフリカの熱帯雨林の奥深くに潜んで、再び人類に襲いかかる機会を狙っていたのでした。

果たせるかな、15年後の1995年、ザイールのキクウイトという町にその姿を現しました。この時もザイール軍は、アメリカ軍の支援の下にキクウイトの町を封鎖し、首都キンシャサへの波及をくい止めました。最終的に感染者は

289人、死者は226人に達しました。
流行が終息したと言っても、エボラウイルスが死滅した訳ではなく、再び熱帯雨林の奥深くに姿を隠したに過ぎません。二度と人類を襲わないという保証は無いのです。そして、ひとたびエボラウイルスに襲われたら、今のところ有効な治療法は全く無く、発症後わずか10日ほどで死に至るのです。

O-157

1996年5月、岡山県邑久郡邑久町（現瀬戸内市）でO-157という聞き慣れない細菌による食中毒が発生しました。患者は500人近くにも達し、二人の小学生が死亡しました。O-157による食中毒は、その後全国に拡がる様相を見せていましたが、7月15日になって、大阪府堺市で患者数が6000人を超える記録的な集団食中毒に発展してしまいました。病院には患者が溢れ、街中を救急車が走り回って、市内はパニック状態になりました。
7月下旬には、O-157による感染は43都道府県に拡大し、9000人近い患者が発生し、7人が死亡しています。このO-157は細菌による病気ですが、実はウイルスが関与していると考えられています。
O-157は赤痢菌と同じベロ毒素を出すことが知られています。O-157には二つの顔があります。一つは大腸菌として食中毒を起こす顔であり、もう一つは伝染病である赤痢菌に非常によく似た顔です。普通の大腸菌はベロ毒素を作る遺伝子を持っていないので怖くはありません。それに対してO-157は大腸菌であるにもかかわらず、ベロ毒素を作る遺伝子を持つようになったのです。そのため、食中毒と違って少数の菌で感染を起こすことが出来るし、その症状は赤痢とよく似ることになります。大腸の細胞が破壊されて出血し、血便がでます。さらにベロ毒素は血管に入り、血液と共に全身を巡り臓器を傷つけます。ひどくなると、腎臓がやられて尿毒症を、また脳細胞が冒されると精神障害を引き起こします。

こうした事実から、O-157は大腸菌というよりも、赤痢菌に近い病原体であると見なされます。なぜこのようなことが起きたかというと、もともと赤痢菌が持っていたベロ毒素を作る遺伝子がウイルスの遺伝子に組み込まれ、次にそのウイルスが大腸菌に感染したあげく、大腸菌にその遺伝子を持ち込んでしまったというのが現在考えられている筋道なのです。

SARS

医学の発達した現代では、人類の生存を脅かすような伝染病の流行は恐れる必要はないと思われます。しかしながら、交通手段の発達によって人や物が、時間単位で世界中に簡単に運ばれるようになった結果、新しい問題が発生しました。一旦どこかに伝染病が発生すると、アッと言う間に世界中に広がってしまうことです。余りにも早く人が移動するため、潜伏期間中の患者を水際で阻止することが不可能になってしまったのです。

2003年に、中国広東省に端を発した新型ウイルスによる新型急性肺炎（SARS）が、まさにその例です。この伝染病に対しては、ワクチンもなくて、治療法が見つからず、唯一有効な対応策は患者の完全な隔離でした。一人の患者が多数の人に感染させることが特徴的で、医療関係者が大勢感染したことも際だっていました。幸いなことに、死者の数が800人を超えた時点でSARSは終息を迎えましたが、一時は世界保健機関（WHO）からSARS蔓延地域への渡航禁止勧告が出されるなど、世界経済にかなりの悪影響を与え、北京のようにパニック寸前になった地域もありました。

SARSを契機に伝染病に対する防疫態勢が世界的に不十分であることが浮き彫りとなりました。これまで知られなかった新しい病原菌やウイルスが突然暴れ出すことは今後も必ずあるでしょうし、既知の病原菌でも、治療薬に対して耐性を持つようになって、手が付けられなくなるといった場合も起こり得るでしょう。さらには、完全に根絶したと思って油断していたために、過去の伝染病が再び猛威を振るい出だすといった事態も考えておかねばなりません。一旦このようなことが起れば、黒死病のように世界人口の何割もの死者を出すことはなくとも、人々は行動の自由を奪われ、世界経済が停滞するという、二次的な形で人類の危機が訪れないとは断言できないのです。

テロという名の伝染病

2001年9月11日に発生したニューヨークの世界貿易センタービル等での同時多発テロに対するアメリカのアフガニスタン、イラクを対象とする報復攻撃は、逆にテロを世界的なスケールで拡散させてしまうという皮肉な結果になっています。それと共に、生物化学兵器がテロに使われる危険性が現実性を帯びてきました。例えば、一旦は完全に撲滅された天然痘の菌がばらまかれる可能性を無視することはできなくなりつつあります。かくして、人類は自らの手で恐ろしい伝染病を蔓延させることになるかも知れないのです。もしこのような事態が起る様なことがあったならば、人類の愚かさも極まったという他はありません。人類が正気を取り戻して、地上から紛争をなくすことを望んで止みません。

第5章　地球のがん細胞

資源の無駄使い

これまでは人類の意志、行動に関係なく訪れるカタストロフィーについてお話してきました。ここからは、人間が、自分自身に止まらず、地球に対して引き起こす災厄について考えてみたいと思います。

ほんの100年足らず前までは、地球環境と生態系の結合体としてのガイアにおいて、人類の存在は何ほどのこともありませんでした。しかし、近年急速に力を増した人類は地球規模の影響力を持つようになり、これまでにない形で、ガイアに致命的な被害を与えるようになりました。

地球上の生物の中で、地球の資源を再生不可能な形で使い捨てているのは人間だけです。特にアメリカ合衆国一国の資源の消費量は群を抜いており、たとえば石油の消費量は1997年の統計で世界の29.6％、天然ガスは28.8％を占めています。

我が国でも、高度成長時代を迎えて大量生産、大量消費の風潮が始まりました。消費は美徳とされ、使い捨て、買い換えが奨励されました。それと共に、排出されるゴミの量も飛躍的に増えていきました。第二次世界大戦時の戦中・戦後にわたる耐乏時代の記憶が残っている、我々昭和一桁世代には違和感を覚える成り行きでした。ひところ、風呂のお湯が溢れそうになって肩までお湯に浸かれない戦中派の父親を茶化すコマーシャルが放映されましたが、何とも抵抗を感じたものです。

どんどん物を消費するようになれば、それだけ資源がなくなります。近頃では、ようやく資源の枯渇ということが問題にされるようになってきました。それと同時に、増え続けるゴミの山はわれわれを押し潰そうとしています。ようやくわたくしたちは資源のリサイクルという問題にも取り組み始めましたが、まだまだほんの形だけと言った段階に過ぎません。

資源を手に入れる

資源の中にも、金属のように元素そのものが資源である場合と、化石燃料のように一旦分子形を崩して元素または別の分子に変えてしまえば資源で無くなってしまう場合があります。その中間に位置するのが様々なプラスチックです。

金属類に関しては、資源の再生を行う工場への廃金属製品の回収が満足に行われさえすれば、資源の再生にはさほどの問題はありません。ところが現実には、廃品回収の実効が上がらず、なかなか軌道に乗りません。相変わらずビールやジュースの空き缶を道端に捨てたり、電気製品を不法投棄したりする不心得者が絶えないからです。

資源を手に入れるという点では、まだわれわれに残された道はあります。海の底には金属の厚い団塊で覆われているところがあります。太平洋の海底には平均で一平方キロメートル当たり約1万1千トンの団塊があると推定されています。また濃縮技術さえ開発されれば、海水中に含まれる膨大な量の銅、ニッケル、コバルト等の金属を取り出すことが可能になるでしょう。さらに将来は、月や小惑星に採掘に出掛けることも不可能ではなくなるでしょう。

それに引き替え、石油や石炭、天然ガスのような化石燃料は地球以外にそのソースを求めることはできません。それだけでなく、入手可能な化石燃料のすべてを燃やしてしまえば、それによって引き起こされる大気汚染は地球にとって耐えられないレベルに達しますし、大気中の二酸化炭素の増加は温室効果による温度上昇をもたらします。その結果、極地の氷が溶け出して海面の上昇を招きます。人類の文明は大概海抜ゼロに近い沿岸に建設されていますから、そのほとんどは水没してしまい、生息地を奪われた人間を含む生物が大混乱を来すことは明らかです。

資源が無くなる！

化石燃料についてはもう一つ、資源の枯渇という厄介な問題があります。金属資源と違って、化石燃料は再生が効きません。一旦分子形を壊してしまえば、もう燃料とはならなくなります。さりとて海水中に僅かでも存在しているというものでもありません。化石燃料には限りがあり、今世紀中には石油・天然ガスの枯渇という状況にたちいたることは間違いないでしょう。その上、化石燃料は化学工業の原料として不可欠な物質であり、全部燃料として燃やしてしまう訳にはいかないのです。ですからできるだけ速く化石エネルギーからは脱却しなければなりません。その意味で、人類にとってエネルギー問題の解決が重要な課題となりますが、これについては、次の章でもう一度考えたいと思います。

ここまでの人災のお話は、わたくしたちがたとえば100年前の生活水準に戻って不便さを我慢すれば何とか先延ばし出来る性質の危機でありました。これからお話することは、もはや修復不可能な取り返しの付かない危機であるかも知れないのです。それは様々な農薬や食品添加物等の人工合成物による環境汚染の問題です。

主として農薬による環境破壊に対する警鐘を、勇気を持って鳴らしたのはレイチェル・カーソンでした。彼女は、そのあまりにも有名になった著書「沈黙の春」の中で、アメリカでの航空機によるDDTなどの農薬の大々的な散布で、いかに生態系が致命的な破壊を受けたかを、豊富な実例を挙げて示しています。

沈黙の春

DDTは1874年にドイツの化学者によって初めて合成されましたが、1939年になって殺虫効果があることが発見されました。我が国でも、第二次世界大戦の戦前・戦中生まれの人間のほとんどは、戦後進駐軍にシラミ退治のDDTを頭や衣類に振りかけられた記憶を持っている筈です。そんな訳で、大勢の人間が直接DDTに触れたのに何も害が無かったので、大型動物には無害という認識が定着してしまいました。事実、粉末状のDDTは皮膚から吸収され難く、問題は少ないのです。

しかし、DDTは油に溶かして使われることが多く、飲み込んだ場合、脂肪分の多い副腎、睾丸、甲状腺さらに肝臓、腎臓などの臓器に蓄積していき、さまざまな機能障害や臓器の破壊を引き起こします。特に恐ろしいのは胎児が最も強く影響を受けることです。農薬などの化学物質に汚染された母親の血液が胎児の体内に流れ込んで、どんどん汚染物質が蓄積されていき、活発な成長を続けている細胞に異常をもたらすのです。大量の農薬の洗礼を受けた鳥などでは、雛がほとんど孵らなくなってしまうことがカーソンによって報告されました。

「沈黙の春」を読むと、改めて人間の愚かさと傲慢さを嫌というほど思い知らされます。特定の虫や雑草が気にくわないという理由だけでDDTのみならず、それより何倍も危険度の高い農薬を大量に播いて他の昆虫や鳥、リスや兎などの小動物、果ては羊や牛までも殺してしまうとは、まさに自然に対する冒涜でしかありません。しかも皮肉なことに、対象となった“害虫”は根絶するどころか、薬を播けば播く程、天敵がいなくなったり薬に対する耐性を持つようになったりして、かえって前より勢いを増すという結果になっています。

日本より遥かに公衆衛生に注意を払っていると思われる

アメリカにしてこの状態です。わが国では、農薬に関してカーソンが指摘するような深刻な被害はまだ明らかになっていませんが、農薬のせいで田んぼからドジョウや田螺、さらに螢などの生物が姿を消してしまったことが憂慮されています。深刻なことに、かなり以前から、足尾銅山の鉱毒事件を初めとして、阿賀野川の水銀中毒事件、有機水銀の水俣病など幾多の公害事件が発生しています。さらに、長良川の可動堰や諫早湾の干拓事業など、無意味で全くの有害無益な自然破壊が次々と行われています。

森林破壊

地球規模で進行している森林破壊も差し迫った危機となりつつあります。とくに熱帯雨林やシベリアのタイガの森は急激にその面積を減らしつつあり、生息の場を奪われた動物達はどんどん数を減らして絶滅の危機に立たされています。タイガの消失は地球の温暖化が引き金となって起っており、一方、熱帯雨林の減少はひとえに野放図な森林伐採や焼き畑のような収奪農業によるものです。特にタイガの消失は、二酸化炭素の吸収源がなくなるだけでなく、その下の永久凍土の融解によって、大気中より数千倍も高い濃度で中に含まれているメタンガスを放出するために地球温暖化を一段と促進する結果をもたらします。

森林が喪失して生活の場を奪われた動物たちはどんどん数を減らし、生き残ったものは餌を求めて人里に現れ、人間の生活を侵すようになって、駆除されるという過酷な運命に見舞われています。さらに、密猟者の横行も動物たちの絶滅に拍車をかけ、すでに絶滅した種や絶滅危惧種の数は大変な数に上っています。また中国の黄河上流域やアフリカでの砂漠の進行も愁うべき状態です。人口の増加がその原因の多くを占めているのです。中国の春秋時代以前には、黄河中流域は一面森林に覆われていましたが、紀元前にすでに農民によって伐採され尽くして姿を消してしまい、今ではその記憶さえ失われています。

ガイアのがん細胞

自然を征服するあるいは制御するといった思い上がった不遜な態度をとり続ける人間は、ガイアという生命体系にとってがん細胞以外の何者でも無いと思うべきです。人間がいない方がガイアにとっては遥かに幸せである筈です。地球の舞台から人類が完全に退場すべく、生命体系としてのガイアに地球を託して、最後の宇宙船が地球を離れて行くというSF短編がありました。美しい緑を取り戻し、生命に満ちた地球をあとに、最後のロケットが宙天に上っていく、哀愁に満ちた光景が頭の中をよぎります。これが、生態系としての地球にとって、最も望ましいことなのかも知れません。

とはいうものの、がん細胞である人間も生存の欲求を持っていますから、そうすんなりと舞台から退場するとも思えません。がん細胞ががん細胞のままで生き続けるとすれば、とりついている宿主を殺さず、折り合いを付けて共存を図らねばなりません。こう書くとお気に召さない読者もいることでしょうが、2016年の時点で人類の人口は74億、地球は限りある場で、壊れ易い微妙なバランスの上に立っていることをわきまえて、謙虚になるべきであると言いたいのです。その自覚無しで、地球の未来も、したがって人類の未来もありません

がん細胞の生き残りをかけて

がん細胞である人類が宿主である地球と共存を図る上で最大の急務は、自らのこれ以上の増殖を抑えることに外なりません。計算上は今の二倍の人口をも養うだけの食料供給力が地球にはあるとされていますが、熱帯地方では人口の増加に伴って森林破壊が急速に進み、その悪影響が憂慮されていますし、絶えず地球上のどこかで大量の餓死者や餓死寸前の人々が発生していることから目をそらすことはできません。

2000年から2002年までの二年間で、世界の人口は4.8%増加しています。その内訳を見ると、アフリカが最も大きく20.5%、次いでオセアニア14.3%、中南米6.1%の順に続きます。逆に少ない方から挙げると、北米が0%、欧州1.3%、アジア2.2%となっています。アジアの増加率が意外に低いのは、中国の人口抑制政策がかなり効果を上げていることを示していると思われます。実際、この二年間の中国の人口の増加率は僅か1.4%、ちなみにわが国のそれはたったの0.3%です。もっとも、中国は一人っ子政策を

強力に押し進めているため、隠れて生んだ第二子以下の無国籍児がかなりの数に上っていると言われていますので、その分を考慮しなければなりません。

この結果を見れば、開発途上国に対して、産児制限を徹底して進めるように働きかけていくことが必要であることが理解出来ます。少なく生む代わりに、生まれた子供達に十分な食料と医療を保証する態勢を整えなければならないことは、いうまでもありません。

第6章　化石燃料の枯渇

化石燃料の現状

現在、私たちにとって最も差し迫った問題は、石油や天然ガスなどの化石燃料が無くなることです。石油については、究極の可採埋蔵量は2兆1千億バーレルといわれ、1997年の時点で可採年数は43年とされています。天然ガスについても事情は石油と大体同じです。可採年数については、大分以前から50年程度と言われ続けている割には、その都度延長されてきています。それは、油田探査の結果新しい油田が発見されたり、採掘技術の進歩によってそれまで不可能だった油田が採掘可能になったりしたことや、石油産出国の思惑で埋蔵量が小出しに増やされるといったことが原因と思われます。しかし、遅かれ早かれ石油・天然ガス資源は枯渇することを覚悟しなければなりません。

化石燃料は、石炭、石油、天然ガスのような炭素原子と水素原子が結合した簡単な分子からなる燃料の総称です。困ったことに、化石燃料はその分子形を失って原子ないし二酸化炭素のような他の分子に変わってしまえばそれで終わりです。つまり再利用不可能な資源なのです。しかも化石燃料はエネルギー源であるだけでなく、化学工業の原料として無くてはならない物質です。したがって、最後の最後まで燃料として使いきってしまうことは出来ません。将来を見越して、十分な余裕を見て温存しなければならないのです。

それに、もしすべての化石燃料を燃やして炭酸ガスに変えてしまったならば、空気中の二酸化炭素濃度が上がりすぎて、温室効果により地表の温度が上昇して極地の氷が溶けだし、都市の大部分が海に飲み込まれてしまうことも心配されています。

化石燃料の中で、石炭だけは埋蔵量が豊富で、全埋蔵量が11兆トン、そのうち採掘可能量は1997年の統計で1兆トン余りとされています。一方、石炭の世界貿易量は1997年の統計で5億トン程です。したがって、産出国の自国消費量を考慮しても、優に今後1千年の供給が可能であると考えて良いでしょう。しかし、石炭は石油や天然ガスに比べて火力の調整が容易でなく、燃え滓が大量に発生するなど、石油より劣っている上、硫黄や窒素分を多く含むため、大気汚染や酸性雨を引き起こすという欠点があります。そのため、我が国の火力発電所は、大半が液化天然ガスか石油に切り替えられています。将来本格的に石炭に頼ることになれば、石炭のガス化、液化の技術を確立することが不可欠となります。

我が国のお隣の中国では、火力発電が主力であり、しかも、燃料に硫黄分の多い石炭を使っています。そのため、大量の亜硫酸ガスを大気中に放出しており、深刻な大気汚染を引き起こしています。亜硫酸ガスは、大気中の水分と結合して硫酸になり、酸性雨となって降り注ぎます。酸性雨の被害は、世界中で問題になりつつありますが、我が国でも日本海沿岸を中心に、その被害が顕著に認められます。

エネルギー消費の現状

次に、エネルギー消費の面から見てみると、米国の消費振りが際だっているのが分かります。米国は石油も天然ガスも世界の消費量のほぼ30%を占めています。これを国民一人当たりにすると、世界の平均の実に10倍に相当します。もっとも我が国も石油の消費量は世界の7.8%、国民一人当たりにして世界平均の約4倍ですから、あまり米国の浪費振りを責めるわけにもいきませんが……。

エネルギーの規模から言って、大きなエネルギー源は、現在のところ水力、火力、原子力の三つに絞られます。その三つのエネルギーがどのような割合で利用されているかについては、各国の事情に応じてそれぞれ異なっていますので、これ以後は、我が国のエネルギー事情についてお話していきましょう。参考のために、2000年度の米国と我が国の原子力発電量を示しますと、米国は発電量7539億キロワット時で、全発電量の19.8%であるのに対して、我が国は発電量3049億キロワット時で全体の33.8%でした。

1997年度の統計によると、我が国の総発電量は、1兆380億キロワット時で、その内訳は、水力9.7%、火力59.2%、原子力30.8%で、それ以外の発電形態のうちで最大の地熱発電が0.4%でした。四年後の2001年には総発電量は3.7%増加しましたが、増加分はほとんど火力で賄われています。その結果、各エネルギー源のシェアは水力8.7%、火力61.2%、原子力29.7%、地熱0.4%となりました。これで分かる通り、風力、太陽光、潮汐、バイオマスといった最近話題に上っている新エネルギーは、スケールの点で代替エネルギーとはなり得ないことが分かると思います。

こうして生み出された電気の約半分は産業用に使われ、25%が輸送用に回されます。残りの25%がオフィスや店舗などの商業用と一般家庭用を合わせた民生用と呼ばれる用途に向けられています。

かつてのオイルショック以来、我が国の産業では省エネルギー対策が進み、非常にエネルギー効率の高い体質に変わったと評価されています。したがって、産業用の電力の中でこの上の節約を図ることはかなり難しいと思わざるを得ません。当面、輸送分野でもエネルギーの節約を求めることは困難と思われますので、頼みの綱は全体の25%でしかない民生用電力しかありません。ですから、私たちが大変な努力を払って4%の節約を達成したとしても、電力全体としてはたった1%の削減にしかなりません。

代替エネルギー

それでは新エネルギーはどうでしょうか？　その代表選手である太陽光発電にしても、100平方メートルのソーラーパネルを拡げても、発電量はせいぜい30キロワット程度でしかなく、照明、暖房や調理位にしか使えず、とても工場の動力にはなりません。もちろんわたくしたち一人一人が節約を心がけることは大事ですが、エネルギー危機を回避する役には立たないのです。

それでは水力発電はどうでしょうか？　現在、我が国の水力発電の占める割合は10％を切っています。そして電源開発が望めそうな川はすでにあらかた利用しつくしてしまって、残されていない状態です。現在では、水力発電は電力需要が増えたときの調整用としての役割が主で、これ以上の増力は望めません。したがって、全体の42％余りを占めている石油・天然ガスが使えなくなったときの代替エネルギーとして頼れるのは石炭と原子力しか無いのです。

度重なる原子力事業の事故や不祥事によって、国民の不信感はいやが上にも高まり、脱原発の世論は圧倒的ですらあります。しかし私たちの前には、脱原発以前に、否応なしに“脱化石燃料”が迫ってくるのです。たとえ今の軽水炉を廃止するとしても、原子力エネルギーそのものを捨てることは不可能です。そうなると頼みは核融合ということになりますが、これは今のところ全く実用化の目途は立っていません。

核融合はものになる？

実のところ、核融合の実現を疑問視している学者はかなり大勢います。核融合は重水素と放射性の三重水素トリチウムとの間で起こさせるのですが、この核融合が持続的に起こり続けるには、裸の原子核の集合体であるプラズマの密度、温度、持続時間の三つが一定の値に達しなければなりません。どれか一つの量について臨界条件を充たすことは実現していますが、三つの量全てについて同時に臨界条件を充たす見通しは立っていません。お金さえかければ、幾らでも臨界条件に近づくことはできますが、装置の性能を比例級数的に上げるための費用は、指数関数的に増えていきます。つまり、性能を二倍に上げるためには、費用が十倍必要になるといった具合で、今や一国で賄える金額ではなくなっています。

核融合を起動させるためには、最初に莫大な量のトリチウムを装荷しなければなりません。このトリチウムは、原子炉の中でリチウム6の中性子照射で作られますが、そもそもリチウム元素自体が、星の中で重い原子核の破砕反応で作られるために稀少元素である上、リチウム6の存在比が7.5%と低く、入手は困難になりつつあります。その上、トリチウムの製造には100万キロワット級の原子炉が必要になります。さらに、核融合炉の起動電力にも同規模の原子炉を必要とします。最後に、核融合炉の炉心材料には既知の材料が使えず、新材料の開発を待たねばならないという難点があります。最も肝心なことは、これらの問題が全てクリアーされたとしても、最終的に採算性が成り立つ見通しが全く得られていないことです。

結局のところ、私たちは現在の軽水炉型の原発をすぐに廃棄するわけにはいかないのです。当面は現在の原子力体制を維持しつつ、次世代のエネルギー開発を進めなければなりません。様々な問題を抱えている原発ではありますが、あと100年か200年位はその原発に頼らざるを得ないと思われます。

第7章　原爆と原子力発電

原爆に脅かされる愚かな人類

核エネルギーの最初の利用が原子爆弾の形で現れたことは、人類にとってまことに不幸なことでありました。半世紀近くも続いた東西冷戦時代に、朝鮮戦争やキューバ危機を始めとして、人類は幾度も一触即発の危機に晒され、明日の希望も持てない状態に置かれていました。1989年に起こったベルリンの壁の崩壊によって、ようやく東西冷戦の時代は終わりを告げ、人類は全面核戦争の恐怖から解放されました。

しかし愚かなことに、人類は一向に原爆を手放そうとしていません。第二次大戦の戦勝国である米英ソ仏中の五カ国は、戦争抑止力と称して一向に核兵器を放棄しようとしないばかりか、アメリカなどは局地戦に使用可能な小型原爆の開発に血道を上げている始末です。そして今や、大国でない国々が、自国の防衛のためと称して核兵器を持ちたがり、核の拡散が憂慮すべき事態になっています。

一旦は核の脅威から解放されたかに見えた人類は、再び局地的な核戦争とその結果としての放射能汚染に脅かされ始めています。本来ならば、核廃絶に向けての取り組みの主体となるべき国連は、ソ連の崩壊後独り超大国となったアメリカを先頭とした核大国の思惑に振り回されて身動き出来ず、機能していません。現在、ほとんど機能不全に陥っている安全保障理事会の改組が叫ばれて久しくなりますが、改革は一向に前進していません。

原子力平和利用の盛衰

原爆が核エネルギーの負の面として登場したのに対して、原子力発電は人類に希望をもたらす福音として、人々に迎えられました。フェルミが作り上げた人類最初の原子炉CP-1を記念して、シカゴ大学のフットボール・スタジアムの脇には「人類はここで始めて原子力エネルギーを制御しながら取り出すことに成功した」と誇らしげに宣言する看板が立てられています。

我が国でも、アメリカからの輸入によって、東海村に日本最初の原子炉が誕生した時には、日本中が湧いたものでした。「学者の横面を札束でひっぱたく」という政治家の暴言で誕生した日本原子力研究所ではありましたが、希望に燃えた優秀な若者が数多く集まり、当初は満足な食事も与えられず、飲み水にも不自由する劣悪な生活環境の下で、原子力の平和利用の研究に邁進したものでした。

それから半世紀以上の年月が過ぎた今、世間の風潮はすっかり変わりました。広島・長崎の原爆の洗礼を受けた我が国では、特に強い核アレルギーがありましたが、1954年の第五福竜丸事件で、反核の感情は一層強まりました。それにつれて、原子力発電に対する世間の目も厳しさを増してきました。世評に敏感なマスコミは、発電用原子炉の些細な故障ですら重大な事故であるかのような報道をして、人々の原発に対する不信感を助長し、反原発の勢いを高める役割を果たしたことは否めません。そのため科学技術庁や電力会社は、マスコミや反原発グループの目を気にして硬直した態度に終始し、事故や故障に対する対応に不手際を演じて、一層不信感を助長するという悪循環が繰り返されてきました。

スリーマイル島

反原発の世論を決定的にしたのは、スリーマイル島とチェルノブイリの二つの原発事故でした。1979年3月に米国ペンシルベニア州のスリーマイル島原子力発電所で深刻な事故が発生しました。始めは二次冷却水系の末端の些細な故障だったのですが、給水バルブの開け忘れや圧力逃がし弁が開いたままになっていた等のために一次冷却水が喪失してしまい、原子炉が空焚き状態になってしまいました。それにも拘わらず、計器の不備・故障のせいで運転員がそれに気付かず、炉心が溶融してしまうという最悪の事態にまで進んでしまいました。このままでいけば炉心を包む格納容器の底が抜けて核燃料や大量の放射性物質が地面の中に溶け込むメルトダウンに発展するという、正に危機一髪のところでしたが、主任技術者の的確な判断で炉心に冷却水が注入されて、それ以上の被害の拡大は回避されました。幸いなことに、この事故による直接の死者は出ませんでしたが、大量の放射能が建屋の外に放出されることは防げませんでした。そのため、地元民は大きな不安に苦しめられることになりました。

スリーマイル島の事故から7年経った1986年4月27日から28日にかけて、スウェーデンでバックグラウンドの100倍もの放射能汚染が見つかったほか、フィンランドでも汚染が見つかりました。その後、ポーランドや東西ドイツ等でも大量の放射能汚染が認められました。しかも、降下した放射性物質の中にヨウ素やセシウムが見つかったことから、炉心溶融のような重大事故がどこかで起こったに違いないと推測されました。

チェルノブイリ原発事故

世界中が大騒ぎしている中で、ようやくソ連政府が原子炉事故の発生を公式に認めました。事故を起こしたのは、ソ連第三の大都市であるキエフ近くのチェルノブイリにある原子炉でした。事故は原子炉の暴走による水蒸気爆発でした。事故の原因は、正規の発電用の運転終了間際に、定格の6%という低出力で運転グループが独断で行った無謀な実験の結果、原子炉が制御不能になって暴走し、爆発的な水蒸気の発生や水と黒鉛やジルコニウムとの反応で発生した水素の爆発によって、建屋ごと原子炉が吹っ飛んでしまったものでした。

西側で開発された原子炉は、通常負のボイド反応度係数を持っています。これは、何らかの理由で、燃料棒の周りの冷却水の中に泡が発生して冷却効果が下がった時には、炉心の反応度が落ちる働きをするということです。ところがソ連が設計したチェルノブイリ型の原子炉は正のボイド反応度係数を持っていました。そのため、一旦暴走を始めた原子炉は、制御不能となって最悪の事態にまで進んでしまったのです。チェルノブイリ型の原発は未だに東欧圏に残っており、西欧諸国はその処置に頭を痛めています。

ソ連政府の公式発表によれば、爆発の際に発生した火災の消火活動で、31人の人が亡くなったと報告されていますが、その後、破壊された原子炉を封じ込めるための“石棺”作りの作業に当たった作業員を含めて、死者の数は千人単位に上るのではないかという推測もなされています。死亡した人たちは6シーベルト（Sv）の被曝を受けたと推定されていますが、これは一般人の年間許容線量の実に6千倍に当ります。さらに今後、10万人単位でがん患者が発生するであろうと予測されています。また、地元のウクライナとベラルーシ両共和国では、子供達の間に大勢の甲状腺がん患者が発生しています。

世界の脱原発の流れ

原子炉に対する最大想定事故は、スリーマイルのような冷却材の喪失による炉心溶融事故で、チェルノブイリのような爆発事故は全く想定外でした。それだけに、世界が受けた衝撃は測り知れず、反原発の圧力も一気に高まりました。

西欧では、すでにベルギーやスウェーデンが脱原発に踏み切りましたし、ドイツも段階的に原発を廃止する方針を明らかにしています。そうはいっても、ベルギーでは自国の原発を止めて不足した電力をドイツの原発の電力を買って補うという方法で凌いでおり、脱原発は簡単にはいきません。アメリカで最も反原発の勢いが強いカリフォルニア州では、慢性的な電力不足のために大停電が発生した後、風向きが変わってきました。

ところが2011年3月11日に発生した東日本大震災が引き金となって引き起こされた福島第一原子力発電所の事故を契機に世界中で脱原発の世論がいっきに沸き起こりました。そのため一旦は原子力推進に転じたドイツ、イタリアは圧倒的な原発反対の声に押されて、脱原発路線に戻らざるを得なくなりました。その他の世界の国々もおおむね、脱原発ないし原発建設の凍結に変わっています。現在でも原発推進の路線を守っているのは、日本以外では、フランス、アメリカ、英国、中国それにロシアぐらいのものです。

ただ、そうはいっても、ドイツもイタリアも原子力抜きでは自国の電力需要をまかないきれず、フランスから原発由来の電力を買わざるを得ない現状で、理想と現実とのギャップは埋められていません。

我が国の原発関連事故

我が国では、2002年に発覚した東京電力の一連の不祥事の後、所有する全ての原発が停止に追い込まれる事態を招き、2003年の夏にはあわやカリフォルニアの二の舞になるのではと危惧されました。東電がやっきになって企業や民間に電力の節約を呼びかける一方で、何基かの原子炉の運転再開の許可を取り付けたことで、なんとか電力危機を乗り越えることが出来ました。例年に比べて冷夏であったことも幸いしました。反原発グループは、この事態を捉えて、原発がなくても十分やっていけると主張していますが、それは楽観的過ぎると言わざるを得ません。

チェルノブイリの事故の後も、我が国では原子力関係の不祥事が次々に起り、国民の反原発の感情は益々高まっています。その最たるものが、高速増殖炉もんじゅのナトリウム洩れ、低レベル廃棄物のアスファルト固化施設の火災、そしてJCOの臨界事故と続いた一連の事故でした。しかし遡って考えれば、遠く原子力船むつの中性子洩れに始まって、いわゆる分析化研[注)]の環境データ捏造事件や福島第二原発3号炉の再循環ポンプ大破損、美浜原発2号炉の蒸気発生基細管のギロチン破断に代表される一連の原子炉事故・故障がその底流となっていることが指摘されます。

反原発グループの存在が、我が国の政府や電力会社等に絶えず緊張感をもたらし、そのために原子力安全に大いに貢献していることは評価されるべきでしょう。その反面、世論の反発を恐れるあまり、原子力推進側が事故や不祥事に関わるデータの公開を渋り、反対派との対話に消極的になってしまったのは残念なことです。我が国の将来のためには、両者が同じ土俵に上がって徹底的に議論する事が絶対に必要なのです。

注）当時、原子力発電所や米国原子力潜水艦等、ほとんど全ての環境放射能の分析ならびにPCBや水銀等公害関係の化学分析の依託業務は、民間の日本分析化学研究所が一手に引き受けていました。ところが、膨大な数の資料に追われて測定が追い付かなくなったこともあって、放射能分析の測定を省略し、他の測定データを流用していたことが発覚しました。世論の厳しい追求にあって、日本分析化学研究所は責めを追う形で閉鎖され、代わりにそれらの業務を引き受ける機関として、政府主導の下に急遽財団法人日本分析センターが設立され、国からの放射能分析業務の依託を一手に引き受けることになり、現在に至っています。

不勉強なマスコミ

原子力関係の事故・故障を報道するマスコミの態度にも問題があります。世論の受けを狙った誇張した報道は決して良い結果をもたらすとは思えません。また、マスコミの不勉強も、影響力を持つ立場にある者として反省して貰わなければなりません。

平成11年に東海村で発生した臨界事故との関連で、有名な評論家が「文藝春秋」に発表した評論の中で、昭和49年の原子力船むつの放射線洩れに言及しています。実験航海で外洋に出て原子炉を稼働させたところ、予想外の放射線洩れが発生しました。原子炉から中性子が漏れたのでした。原子炉に隙間があって放射能が漏れたのだと考えたこの評論家は、「隙間を塞ぐために、その都度ドアを開けてはほう素入りのおにぎりを原子炉めがけて代わる代わるに投げたが、肩が弱く、コントロールも悪いのでなかなか原子炉に当たらなかった」と書いています。実際には、格納容器に収められている原子炉本体の中の迷路のように曲がりくねった隙間に中性子が雲の湧くように湧き出てきたために、遮蔽の薄かった天井の方向に中性子が漏れたのでした。普通、ベータ線やガンマ線のような放射線に対しては、遮蔽を迷路のように作っておけば十分機能します。ところが、中性子線にはそれでは役に立たなかったのでした。

それを防ぐために、中性子の漏れてくる格納容器の上部にほう素を含んだ飯の塊を載せて、洩れの状態を調べたのです。原子炉に向かって、遠くからおにぎりを投げるようなまんが的な状況はありませんでした。この評論家が、おにぎりを遮蔽に使ったことを馬鹿げたことだと思ったのは間違いありませんが、実のところ中性子を止めるには水素原子を沢山含んだ物質が最も効果的で、咄嗟には必要な遮蔽材が手に入らない中で、水分を多量に含むご飯を思い付いたことは的外れではありません。その上、中性子を良く吸収するほう素を炊き込んだ訳ですから、その時の実験責任者の対応はむしろ称賛に値すると思います。

むつの放射線洩れから25年経った平成11年でも、未だにこのように荒唐無稽な話が信じられている訳ですから、事故当時の風当たりが如何に強かったかは容易に想像出来ると思います。その後、大幅に原子炉の遮蔽を改修した上で、一度だけの出力上昇試験を行っただけで、世界一周航海をすることもなく、原子力船の開発事業は打ち切られ、事実上原子力船の実用化への道は永久に閉ざされました。

原子力船の放射線洩れ

この時に露呈した原子炉の遮蔽設計のミスは、製作を担当した日本のメーカーも、コンサルタント契約を結んでいたアメリカのコンサルタント会社も、さらには原子力船開発事業団も見落としていました。遮蔽の設計に当たっては、あらかじめ中性子の伝搬の様子を、拡散コードと呼ばれるプログラムを使って、コンピューターで計算して調べます。このメーカーは、この問題を平面的に取り扱う二次元拡散コードと立体的に取り扱う三次元コードの両方を持っていましたが、実際には二次元の解析しかしていませんでした。三次元コードの計算は、けた違いに煩雑になるために省いたのでしょう。中性子洩れが起こった後で三次元の計算を行ったところ、迷路の中を中性子が雲の湧くように立ちのぼってくる様子が再現されました。この事故で、我が国の原子力安全審査の甘さが露呈されたわけですが、その後も一向に改善されず、そのつけが、もんじゅの事故や臨界事故に繋がっていきました。

原子力船の開発が事実上閉ざされたことは、反原発の立場に立つ人々にとっては、喜ばしいことであったと思います。しかし、石油資源の枯渇が現実になった時には、海上輸送業はどうなるのでしょうか。重油に代わる燃料は何とかなるのでしょうか。たとえば、水素燃料は大型船の遠距離運行に耐え得るのでしょうか。まさか再び帆船時代に逆戻りするわけにはいかないでしょう。たとえ我が国が手を出さなくても、世界の趨勢は原子力船の採用へと向かう可能性が極めて高いと予測されます。したがって、我が国の沿岸も、原子力船の海難事故による放射能汚染に晒されることは避けられないでしょう。それを防ぐには、我が国も、より安全な船舶用原子炉の開発研究と深海サルベージ技術の向上を目指した研究を進めておかねばならないのです。

第8章　もんじゅのナトリウム洩れとJCO臨界事故

もんじゅが燃えた

1995年12月に、敦賀にある元動力炉・核燃料開発事業団（動燃）の高速増殖炉原型炉もんじゅの三つある二次冷却系の一つで煙が発生したことがモニターカメラで認められました。冷却管に穴が開いて冷却材の金属ナトリウムが洩れ、水または水蒸気と反応して小さな火災が発生したと思われました。しかし、現場の放射能レベルが高くて作業員が近づくことが出来ず、ナトリウムは3時間ほど燃え続けました。原子炉を停止し、二次冷却管の中のナトリウムを抜き出すまでに漏れたナトリウムの量は2～3トンと見積もられましたが、幸いなことに漏れたナトリウムはうず高く積もった塊となり、表面が酸化されたために、化学的に不活性となってそれ以上大事に至りませんでした。

そのような訳で、初めのうちはマスコミの報道もそれほど風当たりの強いものではありませんでしたが、まず、地元の福井県が動燃の対応は予め定められた異常時運転手順書に違反している事を問題にし、ついで、事故を記録したビデオ等の情報を動燃が隠そうとしたことが発覚して、一気に動燃に対する非難が吹き出しました。世論とマスコミの袋叩きにあって、冷静さを失った動燃は次々と不手際を重ね、墓穴を掘っていきました。庇い切れなくなった科学技術庁は、高速増殖炉計画を根本から見直すと宣言し、ためにもんじゅの運転再開は全く見通しが立たなくなりました。

温度計はなぜ折れた

ようやく、漏れだしたナトリウムの処理も終わった、事故発生の一ヶ月後に、漏れた箇所のパイプを切り出して調べたところ、ナトリウムの温度を測る目的でパイプの中に垂直に差し込んだ温度計のさやが根元から折れて穴が開いたためと判明しました。直ちに手持ちの計算プログラムを使って解析したところ、100％出力の場合、最悪で百時間、1億回の振動を与えると折れる危険性があるという結果になりました。もんじゅはそれまで40％を上回る出力試験はしていませんでしたが、循環ポンプ試験を中心に100％出力に相当する秒速6メートルの流速で800～900時間循環させており、温度計のさやの振動は1億回を優に超えていて、いつ折れても不思議はなかったといえます。

折れた温度計のさやは根元が細くくびれており、ナトリウムの流れによって生じる振動と共鳴して揺れが増幅し、金属疲労を起こしやすい構造だったことが分かりました。もんじゅの前身である増殖試験炉「常陽」では、同じような構造の温度計を長いこと使っていましたが、このような事故を起したことは一度もありませんでした。実はもんじゅの製作に当たって、常陽で使った温度計の構造を、よりくびれが深くなる形に変更していたのでした。しかもこの設計変更は、ナトリウム流体の温度変動をより早く検出するという要請を満足するために、下請け業者の一人の若い工員が温度計のさやを薄くすることを思いついたもので、そのまま何のチェックも受けずに変更が見逃されてしまったのでした。

秒速6メートルもの高速で流れている大量の金属ナトリウムの中に、直角に棒を差し込めば大変な抵抗を受けるであろうことは誰にも予想されることです。国の安全審査がそのような危険を見逃し、コンピューター・シミュレーションのデータすら要求しなかったのは、どう見ても怠慢としかいいようがありません。国の安全審査が如何に形式的なものであるかは、のちの臨界事故の場合に一層はっきりします。

実のところ、通常の軽水炉でも、冷却系の配管中に温度計を差し込んで、温度変動の信号を原子炉の制御に使っています。しかし、ナトリウムの場合には、水よりも熱伝導が良いので、ナトリウムの温度を測るために温度計を差し込むことは極力避け、パイプの外壁に温度を測る熱電対を直接貼り付けて外壁の温度を測る方式に変えることで充分に対応できる筈です。ナトリウムの温度は、模擬ループを使って前もって作っておいた外壁温度とナトリウム温度の関係を与える検量線から、読みとることができます。核燃料サイクルの担当者は、事故後の改造計画によって、今後温度計が折れることは絶対にないと太鼓判を押していますが、30年以上を予定している増殖炉の耐用年数を考えると、その保証を無条件に信じる気にはなれません。

お粗末な動燃の火事

もんじゅの事故からわずか1年半後に、またもや動燃が事故を起こしました。今度は動燃の東海事業所にある低レベル放射性廃棄物のアスファルト固化施設の火災でした。原因は、アスファルト固化に要する時間を従来より短縮した上、十分に冷却をしなかったため、温度が上がってアスファルトが燃えだしたのでした。一旦発火した火はスプリンクラーで消し止められたように見えましたが、監視を怠っていた間に再び燃え上がり、次々と他の容器に燃え移って大きくなりました。悪いことに、この建屋は原子炉のように気密のしっかりした建物で無いために、火災で飛び散った放射能が外に漏れだしてしまいました。放射能のレベルは大したことはありませんでしたが、管理区域の外の一般の人々が立ち入る場所に放射能が拡散したことが重視され、深刻な事故と見なされました。

この事故で最も問題視されたのは、この廃棄物処理作業が完全に下請け業者にまかせ切りにされ、動燃の職員が全然タッチしていなかったことと、現場の作業員が作業の能率を上げようとして勝手に作業手順を変更した上、十分な注意を怠ったことでした。これら二つの事故の結果、動燃に対する信頼は完全に失われ、遂に組織が解体されることになりました。とは言っても、名前が動力炉・核燃料開発事業団から核燃料サイクル開発機構に改められ、首脳陣が入れ替わった以外は、そっくり新組織に引き継がれました。当然のことながら、数々の不祥事の原因となった旧動燃の体質も元のままということになります。そして、原子力に対する逆風は一段と強まり、以後和らげられることはありませんでした。

寝耳に水の臨界事故

もんじゅの事故から4年、1999年9月に東海村で寝耳に水の事故が発生ました。住友金属鉱山の子会社である核燃料加工会社JCOが、臨界事故を起こしたのでした。大体、あの場所にそのような仕事をしている会社があることは、近くの住民ですら誰一人気にかけておらず、最初は一体何が起きたのか分からず、混乱が続きました。

事故はJCOの事業所内で濃縮ウラン溶液を作成中に発生し、現場にいた従業員3名が重度の被曝をして倒れました。JCOの要請を受けて、東海村消防署の救急隊員が現場に入って被曝者を救出しましたが、事前に事故の内容についての説明がなされず、放射線防護に対する準備も行わないまま、救急隊員も被曝してしまいました。結局、この3名の被曝者のうち、実際に作業をしていた作業員2名が、手当の甲斐なく、のちに亡くなりました。

事業所の所長は、事故発生の10分後には臨界事故であろうと判断したと、村議会に明らかにしましたが、それにしては事故に対する対応が不適切で、鵜呑みにはできません。その上、事業所には中性子用の測定器は備えられておらず、ガンマ線の測定ですら始めるまでに1時間もかかり、茨城県への報告はさらにその30分後というお粗末さでした。従業員にも、危険な作業をしているという意識は皆無で、作業中に被曝量をモニターするフイルム・バッジを身に付けることすらしていませんでした。

止まらない臨界状態

中性子線量の測定は、動燃の後身である核燃料サイクル開発機構と原研の職員の協力によって、6時間後にようやく始まりましたが、実は、現場から2キロ離れた原研の敷地内の中性子モニターが、事故発生時の瞬間的な中性子発生とその後の様子を記録していることが分かりました。臨界状態はすぐに終息するのではないかという予測に反して、いつまでも中性子の放出が続き、危機感が強まって来ました。

国や県からの明確な指示が与えられない状態で、東海村は、やむなく独自の判断で、半径350メートル以内に居住する住民に避難要請を出しました。事故発生から7時間後のことでした。その後さらに7時間が経ってから、JR常磐線が水戸—日立間の運転を見合わせ、道路公団は、常磐高速道の東海パーキングエリアを閉鎖しました。同時に、茨城県は半径10キロ以内の住民に屋内避難を要請しました。

臨界状態がいつまでも収まらないことに危機感を持った原子力安全委員会は、委員の一人である住田阪大名誉教授を現地に派遣して事態の収拾に当たらせることにしました。

現地に到着した住田委員の指揮の下に、原研、サイクル機構の職員の協力を得て、中性子を吸収するためのほう酸水が沈殿槽に注入され、やっと臨界状態を終息させることに成功しました。

臨界事故はなぜ起きた？

事故の原因は、不十分な機能しか持たない装置を使っての無理な作業を、未熟な作業員に行わせたことにありました。問題の装置は、固形の核燃料を酸に溶かす溶解塔、精製のための溶媒抽出を行なう抽出塔、精製後の試料を一旦溜めるための貯塔、そして溶液中のウランを沈澱させる沈澱槽から成っています。そもそも、この装置は不純なウラン試料を酸に溶かして化学精製したのち、沈澱槽の中で沈澱させて取り出し、炉の中で焼いて酸化ウランの粉末にして動燃に出荷するために使われていました。加工処理したウラン燃料は、増殖試験炉「常陽」の燃料として使われるもので、ウラン235の濃縮度は当初は12%でしたが、昭和60年度からは19%の高い濃縮度の燃料の加工に変わりました。それでも、ウランを粉末の形で動燃に納入している限りは、一回の処理で取り扱えるウランの量は溶解塔の容積で制限されていて、臨界事故が起こる危険性はありませんでした。そうはいっても、この溶解塔は極めて溶解の効率が悪くて、早い時期から溶解塔を使うことを止め、バケツ様のステンレス容器の中で溶かす、裏マニュアルと称する違法な方法が採られていました。

その後、国のプルトニウム政策が変わって、フランスから返還されたプルトニウムは常陽には使わせないことになったため、常陽は自分自身が生み出したプルトニウムを使わざるを得なくなりました。その結果、溶液の形のプルトニウムに合わせて、それと混ぜるウランも液体状にする必要が生じました。本来ならば、粉末ウランを液体に変える作業は動燃がやるべき仕事であるにも拘わらず、動燃はこれをJCOに押しつけ、経営上の弱みがあるJCOもまたこれを引き受けました。

この時点で、当然新しい工程が加わったことに対応して、装置の改造を行うべきであったにも拘わらず、JCOはそれをせず、酸化ウランを取り出した後の装置を洗浄してそのまま繰り返し使用することにしました。もっとも、実際には裏マニュアルに従って溶解塔と抽出塔は通さず、ステンレスバケツに溶かしたウラン溶液を直接沈澱槽に入れていましたから、装置の改造等は問題にもならなかったことでしょう。

沈殿槽から取り出した溶液は、臨界を防ぐため、10本の容器に分けて出荷されましたが、ここにもう一つの事故の遠因がありました。核燃料の輸送は法律で厳しく規制されています。動燃は輸送の許可申請手続きを簡略化するために、10本の容器についてウランの濃度を均一にするようにJCOに要求したのです。

この要求を受け入れたJCOは、溶液の濃度を均一にするために、クロス・ブレンディングという方法を採りました。これは、一回の作業で得られる溶液を十等分して10本の容器に分けて入れる操作を10回繰り返すという方法で、かなり辛い仕事になりました。

その後、動燃の要求は、一度の出荷量を2倍に増やしたり、納入までの期間を短くするなどエスカレートして行きますが、弱みのあるJCOとしては無理な要求でも飲まざるを得ませんでした。労働強化を強いられる中で、現場の作業員が考え出したのが、過酷なクロス・ブレンディング作業を避けて、一度に全量を沈澱槽の中に溜めてしまうことでした。彼等は臨界のこと等は全然頭にありませんでした。驚いたことに、相談を受けた核燃料取扱い主任者の資格を持った社員も、これに同意したのでした。そのために、臨界計算量の2倍もの濃縮ウランが沈澱槽に注ぎ込まれ、臨界事故が発生したのでした。

事故の責任は誰に？

高濃縮ウランの危険性についての認識は、JCOにはほとんどありませんでした。社員の教育は皆無に近い状態でしたし、事業所には当然備え付けて置くべき中性子計測器がありませんでした。さらに燃料加工の作業をする作業員は誰一人として放射線被曝をモニターする線量計を身に付けていませんでした。

社内には、核燃料取扱い主任者の資格を持った社員が7人も居ましたが、装置の改良や作業手順の適切な指導を行った者はいませんでした。臨界事故の起きる直前に相談された主任者は、臨界事故の恐れがあるのは固体の場合だけで、液体の状態では全然問題ないと思ったと裁判の席で証言しています。れっきとした国立大学の原子力工学科を出て国家試験に合格した専門家の内実がこれでは、一体まともな教育、まともな資格認定が行われているのか疑わざるをえません。

さらに、一連の燃料加工作業で使われた装置は、JCOが燃料加工事業に参入するに当たって、作業の開発試験用に作ったバラック装置を転用したものでした。本来は低濃縮燃料用であった装置を高濃縮燃料用に使用変更の届けを出すに当たって、一バッチの取扱量をウラン2.4キログラムに抑える質量管理で臨界を防ぐ事にしました。取扱量をこの数値に制限すれば臨界状態が出現する恐れはありません。

酸化ウラン粉末にする迄の一段目の作業では、ウランは溶解塔の中で、1リットル当たり100グラムの濃度になるように溶かされます。そのため最大取扱量の場合には液量は24リットルになりますが、溶解塔の容量は40リットルですので、この上限値を大幅に超えることは物理的に不可能で、質量管理が保証されています。

ところが、ウラン粉末を溶液にする二段目の作業では、ウランの濃度は1リットル当たり300グラムという仕様にしなければならず、2.4キログラムのウランは8リットルにしかなりません。したがって、溶解塔には10キログラム以上のウランを入れることが可能になって、質量管理は完全に破綻する可能性が生じます。国の安全審査は完全にこの点を見逃しており、如何に形骸化しているかはここでも明らかです。

一方、作った溶液を溜める貯塔は87リットルの容積がありますが、これは非常に細長い筒状になっており、一杯にしても臨界にならない形状になっていました。ですから、別に15リットル程度の容量の溶解槽を作って二回目の溶解を行なえば、大した費用もかからず、もっと容易にウランを溶解できることになり、安全で合法的な作業が行えた筈でした。そもそも良く洗浄するとはいえ、不純物を通したプラントに精製した製品をわざわざ戻すという発想自体、化学屋としては落第といわざるを得ません。

JCOに燃料加工業に相応しい技術力が欠けていたことが事故の原因であったことは否めませんが、そのような未熟な会社に本来自分がやるべき仕事まで無理矢理押しつけ、適切な指導監督を怠った旧動燃、後のサイクル機構、さらには形式的な審査で不備を見逃した上、一度も作業に立ち会わせるべく係官を派遣することすらしなかった科学技術庁にも事故の責任があると言わざるを得ません。

第9章　トイレなきマンション

底の浅いわが国の原子力技術

世界ではこれまでに20余りの臨界事故が報告されていますが、1987年にロシアで発生した1件を除けば、1978年を最後に起きていません。それから21年も経ってから発生したお粗末な臨界事故は、我が国の技術力の底の浅さを全世界に知らせることになってしまいました。

そもそも我が国の原子力学会・業界では原子炉が主流であり、核燃料の問題は隅に追いやられていました。通常、核燃料は固体、それもペレットの状態で海外から輸入され、国内ではそれを容器に封入して燃料集合体を作る作業だけを行っています。したがって、高濃縮ウラン溶液を工学スケールで取り扱う経験は企業にありませんし、大学の研究者でもほとんどいません。核燃料物質の使用は、我が国では極めて厳しく制限されており、普通の大学で取り扱うことはほとんど不可能だからです。そのため、原子力工学の専門家と雖も、無難な模擬試料か精々天然ウランを使った実験に終始せざるを得ず、実体験を積むことが出来ないようになっているのです。

その欠陥が如実に現れたのが、JCOの臨界事故であったと言えます。原子力安全委員会ですら、高濃縮ウランの危険性を認識せず、5%以下の低濃縮度の核燃料施設に対して設けた安全審査の指針をそのまま適用すれば十分であると考えていました。これらの事実は、我が国の原子力技術が未だに借り物の域を脱していないことを示しています。さすがに原子力学会は、危機感を抱いて臨界事故から今後に資する教訓を汲み取ろうとしていますが、政府は保安庁という新たな規制組織を作っただけでお茶を濁し、本質的な改善に着手したとはいえません。

盲点を突かれた冷却管の破裂

2004年8月9日、福井県の美浜原発3号機二次冷却系の配管に大穴が開き、蒸気が噴出して作業員5名が死亡するという事故が発生しました。発電用のタービンを回した後の蒸気をふたたび水に戻す復水器の出口に破裂するように穴があいたのでした。そこには、冷却水の流量の調整や計測をする目的で、オリフィスと呼ばれるくびれが取り付けてあります。このようなオリフィスの前後では、水流が不規則となって乱流が発生して配管の肉を削り取ることは以前からよく知られており、当然検査すべき項目にあげられていましたが、重要視されずに先送りされていました。

原子炉本体を直接冷却するのが一次冷却水であり、その一次冷却水を冷却するのが二次冷却水です。原子炉本体の安全に直接関係なく、放射能汚染の心配のない二次冷却系であることが災いしたと言えます。

この事故は、我が国で発生した一連の原子炉事故で直接死者を出した最初の例となりました。実は、同様の事故が

1986年に米国バージニア州のサリー原発2号機で起きていることが報告されていましたが、その教訓は美浜3号機では生かされませんでした。

美浜原発の事故から間も無い8月15日に、相馬共同火力発電新地発電所2号機のタービン建屋内で炭素鋼製の配管が破裂しました。幸いにしてけが人はいませんでしたが、この種の事故が原発に限らず火力発電所でも同じように起りうることを改めて実証した形となって、電力業界に衝撃を与えました。

とは言うものの、原発も含めて、大方の発電所では水循環系の配管の肉厚の検査を行ったり、炭素鋼製の管をより減肉の起りにくいステンレス鋼製の管に交換するなどの対策が講じられており、大した混乱が生じることはありませんでした。善意に解釈すれば、美浜原発では、原子炉本体や一次冷却系の安全性に注意を集中し過ぎて、それ以外の部分に手がまわらなかったということかも知れません。それだからと言って、貴い人命を失う事故を起こした関西電力の責任が重大であることは言うまでもありません。

放射能のゴミ

原子力発電炉が様々の問題・難点を抱えていることは否定できません。それを最も端的に表す言葉が「トイレなきマンション」です。すなわち、排泄物を処理できない住まいということです。この場合の排泄物とは、原子炉の運転によって生じる放射性の核分裂生成物や燃料中のウラン

238が中性子を吸収してできる超ウラン元素のことです。今のところ、これらの放射性のゴミを最終的に無くしてしまう方法はありません。今の技術でできることは、精々、燃えるゴミは燃やして灰にし、液体は蒸発乾固して容積を減らした上で、厳重に密封して永久保存することしかありません。

核分裂生成物で問題になるのはセシウム137とストロンチウム90で、これらの核種の半減期は共に約30年です。したがって、およそ千年経てば放射能の強さは問題にならない程度に減衰すると計算されます。しかしそれでも、千年もの間、子孫に勝手にそのような厄介者の世話を押しつけることが許されるのかという問いが、現在のわたくしたち自身に投げかけられています。

超ウラン元素の廃棄物については、一層問題は深刻です。生成する超ウラン元素の中には何十万年、何百万年といった非常に長い半減期のものが幾つも含まれており、ほぼ未来永劫無くならないと覚悟しなければなりません。ただ、超ウラン元素の中には、ウラン235と同じように、中性子を吸って核分裂を起こす核種もありますから、それらの核種は原子炉の中でウランと一緒に燃やしてしまうことが可能です。その代表的な核種が、ウラン238の中性子吸収反応の早い段階で生成するプルトニウム239です。

このことを逆手に取って、ウランに代わる核燃料を作り出す夢の原子炉として登場したのが、高速増殖炉でした。しかし、高速増殖炉の運転は失敗続きで、各国とも撤退し、現在もまだこの計画を進めようとしているのは、世界中でロシアと我が国だけです。増殖炉計画で先頭を走っていたフランスでさえも、彼等の誇る増殖炉、スーパーフエニックスの目的をプルトニウム生産から放射性廃棄物の消滅処理に切り替えました。

増殖炉は要らない

高速増殖炉は液体金属ナトリウムを冷却材に使いますが、金属ナトリウムは化学的活性が非常に高く危険な物質です。水分に接触すれば激しく反応して水素を発生しますので、水素爆発を起こす危険があります。また、空気中では115度C以上で発火します。もんじゅのナトリウム洩れで、ナトリウムの塊の表面が酸化されて不活性になり、大事に至らなかったのは僥倖であったと言わざるを得ません。核燃料サイクル開発機構側は「ナトリウム洩れが起きた場所は水気のないところであり水素爆発は起こり得ない」と主張していますが、スリーマイルにしろチェルノブイリにしろ、大事故は全て何らかの人的ミスが重なって起きていることを考えれば、何重ものフエイルセーフ対策が取られているか否かを改めて問題にせざるを得ないのです。

増殖炉の最大の弱点は、通常炉に対する緊急炉心冷却装置（ECCS）のように、冷却材の喪失が起こったときの冷却材補給機能が無いことです。プルトニウム増殖推進派はナトリウム環流ループの配管の肉厚が十分に取ってあるので問題ないと主張していますが、説得力があるとはいえません。もんじゅの場合、ナトリウム・ループの温度は530度Cに保たれていますが、最近の研究では500度C以上の高温ではナトリウムの腐食作用が異常に高くなるという結果が得られており、配管の破断が起こって冷却材が喪失する事態が起こらないとはいい切れません。

しかも、これだけの危険を冒して増殖炉を運転しても、満足できるほどのプルトニウム燃料は生産出来ません。増殖炉を運転するには、二年半で燃料交換と再処理を行わねばならない上、こうした手間をかけた挙げ句、プルトニウム燃料の倍増には17、8年を要すると試算されています。さらに使用済み核燃料の冷却、再処理を経て、使用可能な燃料ができ上がるまでには少なくとも50年はかかると見込まれています。サイクル機構で考えている増殖路線は、現在稼働中の50余基の軽水炉を、ゆくゆくは全て増殖炉で置き換えて燃料の自給を図るというものです。軽水炉に比べて遥かに危険性が高く建設コストも高い増殖炉を大量に作る意味があるのかは甚だ疑問です。リスクがゼロの技術はあり得ない以上、数が増えればそれだけ事故の起きる確率が増します。原子力が当面の繋ぎであるとするならば、無理をして高速増殖炉を開発することにはメリットがないと言わざるを得ません。

2004年5月24日付の朝日新聞に国際原子力機関（IAEA）が利用可能なウラン資源の推定埋蔵量は270年分であると発表したことが報じられました。原子力が、次世代エネルギーが登場するまでの200年程度の間のつなぎと考えるならば、核燃料の増殖も再処理も必要ではなくなります。このことからも、高速増殖炉の開発を即座に断念すべきであることは明らかです。

放射能の消滅処理

プルトニウム燃料であるプルトニウム239は通常の軽水発電炉でも生成します。ただ増殖炉と違って、ウラン燃料を十分に燃やすためにプルトニウム239以外のプルトニウムや他の元素が同時に出来てきて、燃え難くなっています。この“汚い超ウラン生成物”のなかのプルトニウム239を除いた残りはマイナー・アクチニドMAと呼ばれ、その処理処分が問題になっているのです。そのために、MA専用の燃焼炉を作って消滅させようという計画がありますが、この方法では、大半のMAは核分裂せず、中性子を吸って他の超ウラン元素に変わるだけで、思うように総量が減ってくれません。フランスのスーパーフエニックスも消滅処理ではなく、放射性廃棄物が無制限に増加し続けることを防ぎ、一定の水準で平衡状態を保つことに目的を変えていますが、これならば実現可能な妥当な選択であると思えます。

原子炉が駄目ならということで、大線量の陽子加速器を作って、破砕反応によってMAをバラバラにしようというオメガ計画なるものが我が国で進められていますが、これとても高々数%から良くて数十%の減量が精々で、千分の一はおろか百分の一に減らすことも不可能です。結論としては、使用済み核燃料を処理しないで、廃棄物を燃料棒の中に閉じ込めたまま貯蔵して置くワンスルー方式が最善の方式だと思われます。いずれ使用済み燃料の再処理を行なう必要が生じるとしても、将来再処理技術が進んで、より効果的な処理法が確立した時点で行えば良いのです。

使用済み核燃料をいじればいじるほど、放射性廃棄物が増えます。たとえ再処理をしてプルトニウムを取り出し、プルサーマル方式で燃料として使っても、300年分にしかならず、現在利用可能なウラン量と大差はありません。手持ちのウランだけで需要が充たせる以上、わざわざ再処理をして厄介なゴミを生み出すことはないのです。

我が国では、最近、原子力委員会で、使用済み核燃料の最終処分についての長期計画が議論され、燃料の再処理を行なう方針が採択されました。この時の議論では、再処理を行なわない直接処分については、そのための技術が十分で無いという理由で退けられましたが、これは明らかに詭弁で、初めから結論ありきの感を免れ得ません。現段階でいきなり最終処分まで持っていく必要は無く、当面中間貯蔵施設に保管しておいて、その間に最終処分の技術を開発すれば良い訳で、現にドイツでは再処理を一切禁止した上で、最終直接処分場の建設を2030年頃を目処にして、当座は中間処理で凌ぐ方式を採用しているのです。

ウランの代わりにトリウムを

市民科学者と自らを称した高木仁三郎は、プルトニウム

郵便はがき

料金受取人払郵便

新宿局承認

6418

差出有効期間
2020・2・28
まで

(切手不要)

1 6 0 - 8 7 9 1

141

東京都新宿区新宿1－10－1

(株)文芸社

愛読者カード係 行

ふりがな お名前		明治 大正 昭和 平成 年生 歳
ふりがな ご住所	□□□-□□□□	性別 男・女
お電話 番 号	(書籍ご注文の際に必要です)	ご職業
E-mail		
ご購読雑誌(複数可)		ご購読新聞 新聞

最近読んでおもしろかった本や今後、とりあげてほしいテーマをお教えください。

ご自分の研究成果や経験、お考え等を出版してみたいというお気持ちはありますか。

ある　ない　内容・テーマ(　　　　　)

現在完成した作品をお持ちですか。

ある　ない　ジャンル・原稿量(　　　　　)

書　名					
お買上 書　店	都道 府県	市区 郡	書店名		書店
			ご購入日	年　月　日	

本書をどこでお知りになりましたか?
1.書店店頭　2.知人にすすめられて　3.インターネット(サイト名　　　　　)
4.DMハガキ　5.広告、記事を見て(新聞、雑誌名　　　　　)

上の質問に関連して、ご購入の決め手となったのは?
1.タイトル　2.著者　3.内容　4.カバーデザイン　5.帯
その他ご自由にお書きください。
(　　　　　)

本書についてのご意見、ご感想をお聞かせください。
①内容について

②カバー、タイトル、帯について

弊社Webサイトからもご意見、ご感想をお寄せいただけます。

ご協力ありがとうございました。
※お寄せいただいたご意見、ご感想は新聞広告等で匿名にて使わせていただくことがあります。
※お客様の個人情報は、小社からの連絡のみに使用します。社外に提供することは一切ありません。

■書籍のご注文は、お近くの書店または、ブックサービス(0120-29-9625)、セブンネットショッピング(http://7net.omni7.jp/)にお申し込み下さい。

を作り続けることは人類に対する重大な犯罪であると言い続けましたが、確かにプルトニウムは無いに越したことはありません。ウランを燃料として原子炉で燃やし続ける限りプルトニウムは生み出されます。人類が暫くは原子力発電に頼らざるを得ないとすれば、プルトニウムから逃れる道はただ一つ、ウランの代わりにトリウムを使うことです。

トリウムはウランより原子番号が2だけ小さいため、超ウラン元素はほとんどできません。その上、ウラン235の約300倍の存在量がありますから、100年や200年で枯渇する心配もありません。ただし、トリウム自身は直接核分裂しないため、一旦原子炉の中で核分裂性のウラン233に変換してやらなければなりません。そのためアメリカでは、原子力開発の初期の段階でトリウム路線は放棄され、したがって、アメリカの流れをそのまま受け継いだ我が国の原子力界も、ウラン路線で固まっています。僅かに原子力学会の一部で、細々とトリウム炉の研究が続けられているに過ぎません。しかしカナダでは、トリウム発電炉が実用化され、インドにも輸出されています。また、高温ガス炉などの特殊な目的では世界的に試験的な試みもあります。トリウムという選択肢は、今後もっと大々的に研究されるべきでしょう。

第10章　レベル7の原発事故

福島第一原発の事故

2011年3月11日に岩手、宮城、福島、茨城にわたる500kmの長大な東日本太平洋沿岸沖を震源とするマグニチュード9.0の巨大地震が発生し、その結果引き起こされた最大高さ15mにも及ぶ巨大津波によって、沿岸部は壊滅的な被害を受けました。

福島県中部沿岸に位置する東京電力福島第一発電所も例外たりえず、最初の揺れで外部からの送電線が切断され、その後の津波で13機あった非常用のディーゼル発電機もすべて破壊された上、非常用のバッテリーも15時間後には寿命が尽き、原子炉本体並びに建屋内の使用済み核燃料プールの冷却機能が完全に失われてしまいました。

福島第一原発の6基の発電炉の内、地震発生時に稼働中であった1号機から3号機までの原子炉は、地震と同時に一旦は無事自動停止されましたが、その後冷却機能が失われたため、原子炉本体を収容している圧力容器内の水温が上昇して冷却水が蒸気に変わった結果、燃料棒が水中から露出してしまいました。温度が上昇するにつれて燃料被覆管中のジルコニウムと水蒸気の反応で水素が発生し、それと共に蒸気圧もたかまり、圧力容器の耐圧限度を超える恐れが出てきました。

そこで、水蒸気爆発を防ぐため、圧力容器中のガスを抜くベント操作を行うべく準備しているうちに1800℃にまで加熱された被覆管が熔けて燃料が露出し、大量の核分裂生成物が洩れ出しました。その傍ら温度は上がり続けて2800℃にまで達し、炉心溶融という深刻な事態にまで進んでしまいました。

そしていざベント操作を行った時点で、大量の放射性廃棄物で汚染された（水蒸気＋水素ガス）が圧力容器を包む格納容器の中に放出され、次いで格納容器から建屋の外へ放出される筈でした。ところが1号機と3号機では建屋内のベント管内のガスが逆流し、炉建屋内に放出されてしまった水素ガスが大気と混じり合って水素爆発が発生してしまいました。その結果、原子炉建家の天井部分はほぼ完全に破壊され、大量の放射能がそのまま環境中にばらまかれることになりました。

通常格納容器の中は、酸素を除くために窒素ガスで置き換えられていますが、2号機では最初の地震によって格納容器と配管類との接合部分に緩みが生じてこの窒素ガスが洩れ出し、再び大気に置き換わってしまったと思われ、格納容器の中で水素爆発が起こり圧力調整室との連結部が破損して、後に注入した冷却水が注入した傍から外部に漏れ出すことになりました。

運転停止中であった4号機は、当初こうしたトラブルの外にいましたが、3号機から放出された水素ガスが建屋内に回りこんできて、やはり水素爆発を起こしてしまいました。

また、大量の使用済み核燃料を貯蔵していた各原子炉の燃料貯蔵プールの冷却も不可能になり、一時はかなり危険な状態になりましたが、消防隊員や自衛隊員らの決死の作業により一応危機は回避され、その後、外部電源の復旧によって低温冷却状態に落ち着きました。

原発事故の収束に向けて

事故を収束するに当たって、現在直面している最大の難問は増加し続ける高濃度汚染水の始末です。それらの汚染水の貯留場所を確保するために、所内の利用可能な施設を総動員することになりました。廃棄物処理施設の貯留槽を空けて高濃度汚染水を入れるために、それまで入れていた比較的低濃度の汚染水を海に放流して国際的な非難を浴びたりしましたが、それにも拘らず、汚染水の量は12万トンを超え貯留可能の限界に近づいて、危機的な状況になりました。増え続ける高濃度汚染水が事故後7年を経過した現在も止められない状況は解消していません。

1号機から3号機までのいずれの原子炉にも、冷却のために注入する冷却水がそのまま流出する漏洩箇所があるようで、注入量がそのまま汚染水の増加に繋がっており、炉心の温度上昇と注入量との加減を見計らいつつの綱渡りの冷却が続いています。その他にも雨水などが直接流れ込む亀裂や逆に地下水脈に流れ出す漏れの存在も疑われていますが、高濃度放射線量の関係で作業員もなかなか近づけず、現状の把握も思うに任せません。

建屋内の高放射線量や、2号機のほとんど100％近い異常な湿度のため、作業員が現場に立ち入ることができないことが事態を一層悪化させています。実は経済産業省の肝いりで、10年ほど前に初年度だけで30億円をかけて原発用ロボットの開発が試みられ、6台ほどの試作品が完成したのですが、当時「原発で事故は起きないのでロボットは必要ない」という信念を持っていた電力会社が配備要請しなかったため、結局一部が東北大に引き取られた以外は解体廃棄されてしまいました。結局、完成したロボットは陽の目を見ることなく、解体を免れた1台が現在も仙台市科学館に展示されています。

今回の事故処理のために米国製の作業用ロボット機器が提供されましたが、結局満足に働きませんでした。現在改めて我が国の研究者が現場の過酷な作業環境に合わせたロボットの開発を始めています。

政府、東電は必要に迫られて、作業員に対する許容被曝限度をICRPも非常事態の際に許容している250mSv/年にまで引き上げていますが、それでもその限度に達してしまった作業員が続出し、人員の補充が困難になりつつあります。中には被爆量がすでに250mSvを大きく越えている作業員も現れ、今後何らかの症状が現れるおそれもあり、注意深く見守っていく必要があります。その意味でも、一刻も早くロボットで代替できる作業を増やしていくことが望まれます。

高濃度汚染水の処理方法としては、フランス製とアメリカ製の放射能除去装置を組み合わせて、まず脂分を取り除いた後、セシウム等の放射能を除去して放射能濃度を下げ、最後に塩分を除去して原子炉冷却水として再利用するというシナリオを東電は描いていますが、目下のところ始めからトラブル続きで、予定通りには進んでいません。

元々これらの装置は燃料再処理工場で排出される比較的素性の良い汚染水の処理用に開発されたものと思われ、福島のような、ヘドロや鉄さび等が混入した素性の知れない汚染水の処理は想定されていないため、対応しきれないのではないかと想像されます。

とにかく、これらの原子炉が100℃以下の低温安定状態に落ち着き、汚染水がなんとか処理し終わるまでには、10年単位の年月が必要ではないかと予想されます。

とばっちりを受けた福島県民

水素爆発と共に空中に放出された放射性ヨウ素やセシウムは、偏西風に乗って太平洋を越えてアメリカに達し、さらに10日後には大西洋を越えてヨーロッパにまで到達していたことが観測されました。放射能の放出量の膨大さから、政府は原子力災害のレベルを5からチェルノブイリと同じ7に引き上げました。

国内でも放射能汚染は広がりを見せ、東京でも複数の浄水場で飲料水の暫定基準値を超えるヨウ素131の汚染が見出されて、母親たちの間でパニックが起こりましたし、静岡では輸出した茶葉から1kg当たり500ベクレルというEUの基準値を超えるセシウム137の汚染がドイツの税関で見つかり、受け入れを拒否される等の事例が相次ぎました。

中でも地元福島県民の迷惑はこの上なく、警戒区域に指定された原発から半径20kmの住民をはじめとして、計画的避難区域に指定されて村全体が村役場毎移転させられた飯舘村民らの困惑と怒りは察するにあまりあります。事故発生後7年を経過した現在でも帰宅困難地域は解消していません。

逆に空間線量が1μSv/時程度の比較的低線量の地域の人たちは、当時は日常生活や自分たちの作った作物に不安を抱えながらも、国からも自治体からもなんの情報も指示も与えられることなく放置されていました。現地を訪れてこのような実情に触れるとほんとうに心が痛みます。

一般居住空間に放射線と放射能をばらまいたかつてのJCOの臨界事故は完全な人災であり、まさに言語同断であったと断ずべきではありますが、風評被害を除けば実害は殆どありませんでした。それに比べて、今回の福島第一原発の事故は予想外の震災が原因であったとはいえ、東電の想定被害の予想の甘さと過酷事故に対する無策さを考えると、その罪は重大であると言わざるを得ません。

新しい原発安全指針を求めて

3月11日の福島第一原発の事故を受けて、当時の菅首相は、独断で静岡県の浜岡原発の運転停止を中部電力に要請しました。その根拠は、今後30年間に浜岡原発の近海を震源とする巨大地震が発生する確率が87％であるという以外にはなんの科学的説明もなされませんでしたが、首相からの要請を重く受け止めた中電は、これを受諾して5月14日にすべての原子炉を停止しました。停止の期間は津波対策で建設する堤防が完成するまでの2ないし3年間とされました。しかし、至る所で堤防が破壊された東北地方の実情を見れば、堤防を補強する以外に何らの安全対策を講じることを要求しない政府の態度には不信を感じざるを得ません。

その間、浜岡以外の原発に対しては安全性に問題はないとして、運転停止の要請は一切なされませんでした。なぜ浜岡原発だけが停止させられたのかの科学的説明もなされなかったことで、電力会社の間に困惑が広がり、原発を抱える地元自治体には原子炉安全性についての疑念と政府に対する不信感が強まり、定期検査のため運転を停止していた原子炉の運転再開に同意しない方向で足並みを揃えました。そのために全54基の原子炉の内稼動しているのは皆無という事態に追い込まれることになりました。それにも拘らず、厳しい夏の時期に大幅な電力不足が確実になっても国民は不平も言わず、節電で乗り切ることに協力しました。国民の脱原発の願いはそれほどに高まっているのです。

浜岡原発が停止してからひと月以上たった6月22日になって初めて、原子力安全委員会は多くの有識者を招集して、安全指針の見直し検討会を開きました。今後、2～3年をかけて、新しい安全指針を策定する予定と報じられましたが、あまりにも対応が遅すぎて、国民の脱原発意識を変え、停止している原発の再稼働を認めてもらえるような情勢ではありませんでした。

ただ、事故後政府は原子力安全委員会を改組して原子力規制委員会を作り、委員会の定めた安全指針に基づいて既存の原子炉の安全審査を行い、圧倒的な反原発の世論に逆らって、2017年11月の時点で12基の発電炉に再稼動の許可を与え、装置の5基がすに稼動しています。

ここは原点に立ち返り、将来のエネルギー政策についての国民的な議論を進め、その中で原子力の必要性の有無に関する国民的な合意を図るべきであろうと思います。そして原子力エネルギーは必要であるということになれば、まず原子力発電所に対する安全対策を作り、それを基に広く意見を徴する形で国民の不信感を取り除くべきであろうと思います。

第6章で述べたように、我が国の総発電量のうち実に60％以上が火力で占められています。水力が約8％、そしていわゆる再生可能なエネルギーの占める割合はほんの1％に過ぎません。不足分の30％は原子力が補っているのです。もしこの状態で原発が完全に止まり、これ以上水力発電を増やす可能性が見込めないとしても、ある程度火力を増強し、後は節電に努めれば、快適さを多少我慢すれば、なんとか凌げるかも知れません。

しかし、頼みの火力発電は、約15%を占める石炭を除いて今世紀中にも確実に訪れる化石燃料の枯渇によって完全に息の根を止められてしまうことを考慮しなければなりません。これから風力や太陽光発電等の再生可能エネルギーの増強に務めたとしても、石炭以外の火力と原子力を合わせて75%にもなる電力を賄える大規模発電の手段はないのです。

火力発電の抜けた穴を埋め得るものは差し当たって原子力しかありません。原発事故の恐ろしさを実感した日本国民にとって、“脱原発”は当然の意識であろうと思われます。しかし、次世代大規模エネルギー源が開発され実用化するまでは、原発に頼らざるを得ないのです。現時点で、一旦は脱原発を果たしたとしても、いずれは、再び原発を建設し可動させなければならなくなるのは明白です。そしてできるだけ原発への依存度を減らしつつも、次世代エネルギーの登場までの100年か200年の間はその状態で推移すると思われます。従って、現在の原子力関連技術の継承と安全対策の維持・保存、そして何にも増して人材の確保を達成しなければならないのです。

原発推進派と反原発グループの間の最大の溝は、チェルノブイリ事故を越えるような大暴走事故が軽水発電炉でも起こり得るかどうかという点にありました。絶対に事故を起こさない技術というものは望めないので、要は、万一事故が発生したとしても、最悪どの程度で抑えられるかということになります。結局のところ、これは水かけ論で、溝が埋まることは永久に無いのではないかと、悲観的にならざるを得ません。

それでも我々は、将来を見据えてこの問題と正面から向き合っていかねばなりません。わたくし自身は、これまで原子炉の暴走は起こり得ず、冷却水の喪失事故が考え得る最大事故であろうと考えていました。今回の福島第一原発の事故は不幸にして冷却機能の喪失が如何に重大な事故につながるかを露呈することになりました。

臨界事故と美浜3号炉の蒸気洩れというおそまつな事故は別として、半世紀に近いこれまでの我が国の原子力の歴史を通じて、直接的には一人の人命も失われていないという事実は、技術の安全性についてかなりの自信を我人共に持っていました。この自信が裏目に出たのが今回の福島第一原発の事故であったといえます。今回の事故を引き起こしたのが未曽有の大震災であったとはいえ、原発の安全性についての東京電力の過信が安全対策の不備を見過ごさせ、事態の収拾を絶望的なものにしてしまったと言わざるを得ません。

今回の事故が起きてしまった後で、改めて福島第一原発のマークIと呼ばれる原子炉を眺めると様々な弱点があったことが、我々素人にも分かり、なぜ東電があれほどまでに絶対的な自信を持ち続けていられたのか理解に苦しみます。IAEAは1992年と2007年の二度にわたって、東電に対して地震と津波に対する対策を強化するように忠告していましたが、結局東電はその忠告に従いませんでした。

IAEAの元事務次長のブルーノ・ペロード氏が言うように、福島第一原発の事故は、東電の尊大さが引き起こした東電型事故であり、完全な人災であるというべきでしょう。

ただ、東電にすれば、IAEAの忠告に従って、過酷災害に対する対策の強化に乗り出せば、それは原子炉の危険性を示すものであると受け取られて反原発グループを一層勢いづかせることになり、本心はともかく、表面上は絶対安全神話にしがみつかざるを得なかったと同情的に見ることもできます。それだからといって、東電の責任が軽くなるものではありませんが……。

原発安全指針私案

先般、国際原子力機関IAEAに提出した報告書に盛られた28項目に亙る教訓の中身を我々は知らされていませんが、それに対応する安全対策の検討はようやく原子力安全委員会で始まったようです。しかし新しい安全指針の策定までに2～3年を要するという報道がなされており、そのあまりにも遅々とした対応にはもどかしさを感じずにいられません。その一方で、原発は安全であるとして、満足の行く説明もなしに、停止中の原発の再稼働を地元自治体に要請しています。これでは、とうてい自治体や国民の理解を得ることができないことは明らかです。

いま政府に望まれることは、可能なかぎり速やかに安全対策を立て、できるものから電力会社に実施させる一方、時間のかかるものについては期限を設けて実現を促すことで、地元自治体や国民の不安と不信感を取り除くことです。このままでは、夏場に向かって大幅な電力不足が懸念されるばかりでなく、長期にわたって電力不足が続けば日本経済が大打撃を受けることは必定です。

そんな中で、唐突に菅首相がストレステストを原発再稼働の条件にすると言い出し、せっかく地元玄海町と佐賀県の同意が得られそうになっていた玄海発電所の2号機と3号機についての海江田経済産業相と地元自治体との折衝を一気にぶち壊してしまいました。そのため玄海町長は最も強固な運転再開反対派になりました。首相が浜岡原発を止めてからでさえ9ヶ月近くが経過しているのに、その間何ら安全対策の策定に向けて手を打ってこなかったつけが、今になって大きく我々の上にのしかかってきています。

この非常時に当たって私案を提言し、これをたたき台にして安全指針を策定して、その指針に則った対策を各原発ごとに求めていくことを政府に要求したいと思います。

まず、長期的なエネルギー基本政策として、

1. できるだけ早い時期に脱原発を目指す。
2. しかし、今世紀中にも化石燃料の枯渇が見込まれる現状から見て、当面原子力発電からの完全脱却はない。
3. 風力、太陽光、地熱等の再生可能エネルギーの普及を推進すると同時に、省エネの機運を高め、他方、大規模次世代型エネルギーの開発に力を注ぎ、早期の実用化を目指す。
4. 原子力安全委員会と原子力安全・保安院を一本化し、

米国のNRCにならった独立の安全・規制機関を作り、強力な権限を持たせる。

5. すべての原子力発電所を国が買い上げて原子力発電機構を設立し、原子力発電事業を一本化した上で、原子力発電関連の技術者は機構に集約する。各電力会社は原子力発電から切り離し、その送電のみを担う形にする。

の五本の柱を建てることを提案します。

次いで喫緊の当面の安全指針として、

1. 各発電所毎に地盤診断をやり直し、予想される震災に対する施設の強化策を策定し、実施する。
2. 圧力容器に制御棒を下から挿入する型の沸騰水型原子炉（BWR）については、格納容器並びに原子炉建屋を二重にすると共に、圧力容器への制御棒挿入部の溶接の耐温度性を高める。
3. 地震発生時に制御棒の挿入ができなくなって原子炉の自動停止が不可能になった場合に備えて、ほう酸水の貯蔵タンクを設け、圧力容器中に速やかに注入できるようにする。
4. 新設の原子炉はすべて加圧水型原子炉（PWR）に限ることとし、現行のBWRは老朽化の進んだもの及び震災に襲われる危険性の高いものから順次PWRに置き換えるものとする。
5. 外部電源の供給は原子炉それぞれについて複数経路、出来れば3系統とし、非常用予備電源、モーター類は、

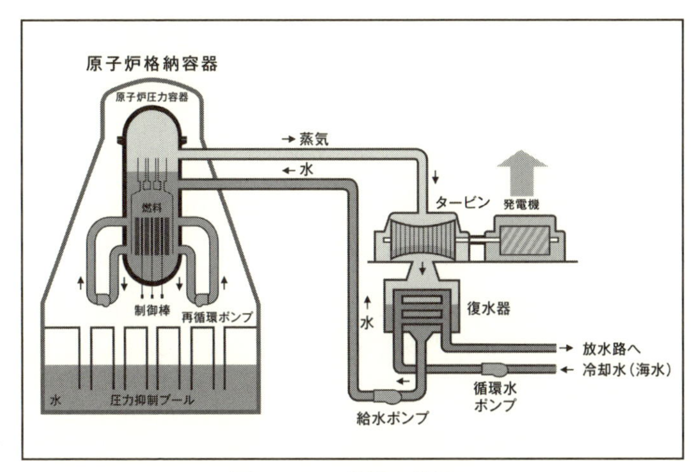

図1　BWR発電の仕組み
（出所）電気事業連合会「原子力・エネルギー図面集」

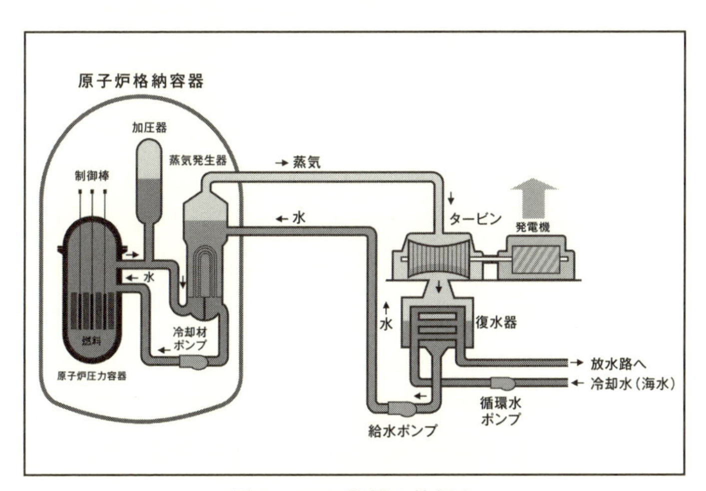

図2　PWR発電の仕組み
（出所）電気事業連合会「原子力・エネルギー図面集」

原子炉建屋内もしくはそれと同等の強度を有する建屋に格納するか、高台に建てた建物に収納する。

6. 毎月一回、非常用発電機の燃料充填状況をチェックし、試運転を行う。
7. ベント管は他の廃棄系とは切り離して独立系とし逆流を防ぐとともに、水素爆発を防ぐために、ベント管の途中に水素を酸素と結合させて水に戻す水素再結合器を設ける。同時に放射能除去フィルターを排気口に設置する。
8. 電気回線ケーブルは不燃性または難燃性に変え、ケーブル類及び冷却水の配管は全て共同溝方式とする。
9. 一次冷却水の配管及びベント管には十分な耐震補強措置を施すと共に、循環ポンプの予備ポンプを備える。ポンプは容易に交換可能な構造とする。
10. 駆動電力を必要としない自然冷却装置を各原子炉に設置し、数年に一回起動試験を行う。
11. 使用済み核燃料の中間貯蔵施設を建設し、現在各原発サイトに保管中の使用済み核燃料の大半をそちらに移す。
12. 使用済み核燃料プールに亀裂が入り冷却水が失われた場合に備え、補修作業用ロボットの開発を急ぐ。
13. 最後の冷却手段としての消防車による注水のため、他の配管から切り離した独立の注水管を設ける。
14. 東海、東南海、南海大地震に伴う津波が予想される地域の原発サイトには海面より高さ15メートルの堤防、

　それ以外の地域では海面より8メートルの高さの堤防を築く。堤防には、東日本大震災を参考に、十分な強度を持たせる。

の14項目が考えられます。これだけの措置を講じれば、たとえ東日本大震災級の大震災が襲ってきても、原子炉が冷却機能を喪失することなく安全を保ち続けることができるはずです。

　これらの指針は事故直後に考えたもので、これらの幾つかはすでに実現していますが現在も有効であると考えています。

第11章　良い放射能、悪い放射能、隣の放射能

悪い放射能

世界で唯一の被曝国である日本の国民には、人一倍放射能に対する拒絶反応が強く現れます。広島・長崎の被災後も、ビキニの死の灰をかぶった第五福竜丸事件や、1999年のJCO臨界事故さらには今回の福島第一原発の事故によって放射能の悲惨さ・恐さを嫌と言う程思い知らされて、放射能に対する恐怖心がいや増しています。

日本中が大騒ぎになるような大事故は当然として、一般の人々が放射能を怖がるのは、その得体の知れない気味悪さにあります。目にも見えず触っても何も感じず、その時は痛くも痒くも無いくせに、あとになってガンや白血病などの致命的な障害が起きてくるという厄介な代物であることが問題です。それゆえに、一定の量以上の放射能は一般の人々に害を与えることの無いように、厳重に管理された区域内に閉じ込められていなければならないのです。

原発その他の原子力関連施設から出される放射能は悪者というイメージで捉えられ、反原発グループは余計な放射能を1カウントたりとも被爆させてはならないと主張しています。それからすれば、一般居住空間に放射線と放射能をばらまいたJCOの事故などはまさに言語道断であったと言わねばなりませんが、実のところ風評被害を除けば、

実害は殆ど無かったと言えます。

ところが今回の福島第一原発の事故は、完全に我々の暮らしを一変させてしまいました。3月12日から15日にかけて1号機から4号機までの4基の原子炉で相次いで発生した水素爆発で、環境中にばらまかれた77京ベクレル（77億ベクレルの1億倍）の放射能の一部は、偏西風に乗って太平洋を越えてアメリカに達した後さらに大西洋を渡り、10日後にはヨーロッパに到達したことが観測されました。

地元の福島県東部及び中部は高濃度の放射能に汚染され、町や村ごと避難した自治体が現れました。汚染の被害は近隣の県だけにとどまらず、遠く静岡県にまで及んでいます。今や、我々はセシウム137などに汚染され続ける環境で生活することを余儀なくされており、日常茶飯事となった外部被曝や内部被曝そして汚染された食物の摂取を続けることを強いられているのです。

そんな環境の中で、健康を損なう恐れなしに、果たしてどれだけの放射能が許されるのか、それを考えなければなりません。

風評被害

臨界事故の際には、放射能の恐怖が地元の茨城県を中心として全国に拡がりました。事故発生後しばらくは茨城産の農作物や海産物の受け入れ拒否や、茨城県からの旅行者の受け入れをキャンセルする行楽地があるなどの風評被害がかなりありました。また事故後、何らかの身体の異常を訴える地元民は414人にも及び、そのうち207人の人が医師の診断を受けたと報告されています。

風評被害が如何にいわれのないものであるかは、当事者になった人たちには身に染みて感じられることです。一方、何らかの身体的異常を感じた人たちについては、JCOの事故に限れば、被曝したと考えられる放射線量から見て実際に身体的障害を受けたとは考えられず、被曝に対する恐怖心からのいわゆる心的外傷後ストレス障害（PTSD）であったと考えられます。これらの被害は、ひとえに行政の不適切な対応や、マスコミの誇張した報道が原因となっていると思われます。

JCOの事故から12年が経過し、事故の後遺症も話題に上らなくなった時に発生した福島第一原発の事故で、改めて風評被害が現実のものとなりました。これまで政府、原子力安全・保安院は正しい放射能の知識を国民に与え啓発する努力を一切やってきませんでした。風評被害が起こってからも、政府はそれを打ち消すためのなんの努力も払っておらず、生産者自らが、自衛のために出荷を自粛することでそれをかわそうとしている始末です。それのみならず、政府は国民に食品の安全基準すらしっかりと提示することさえできないのです。

政府に頼れない中で、逃げ出すわけにもいかず、放射能に汚染された環境の中で日常生活を送らなければならない地元民たちは、懸命に自らの置かれた状況を把握しようと務めているのです。

放射能ってなあに？

一般の人達は、放射線と放射能を混同して怖がっているので、まず両者の違いを明らかにしておきましょう。放射線とは生体や物質に損傷を与えるような比較的高いエネルギーの流れのことで、一方、放射能とは放射線を出す能力を持った放射性物質（同位元素）のことを指します。そして、放射線の強さはシーベルトSvで表し、放射能の強さはベクレルBqで表示されます。ここで、1Bqは毎秒1個の放射性同位元素が壊れることを意味します。

放射線は、その放出の原因が無くなれば消失します。放射線発生装置の電源を切れば放射線は消えますし、JCOの臨界事故で言えば、臨界状態が終息してしまえば、それ以上放射線の心配をする必要は一応無くなります。これに対して、放射能は物質ですから、その場所に存在し続け、壊れるときに放射線を出し続けます。しかし、人間の身体や農作物の表面に付着した放射能は簡単に水で洗い流されるので、それほど心配する必要はありません。ただし、身体の中に取り込んでしまった放射能は、減衰するか体外に排出されてしまうまで取り除くことが難しいので、大量に吸い込んだ時には問題になります。

国際放射線防護委員会（ICRP）は一般人に対する外部被ばくの年間許容線量を1mSv/年とすることを勧告しています。これは放射線障害が認められる最低の線量である

100mSvの百分の一で、つまり100倍の安全度を見込んだ値ということができます。

それに対して、今回の事故のような非常時には20mSv/年を許容線量として認めています。政府は、汚染区域からの避難の判断の目安として、この数値を採用しています。この値でもまだ5倍の安全度を保証していることになり、2.5倍の50mSv/年を許容線量として管理されている職業人の中に傷害が現れた例は認められていないことからも、十分に安全であることが保証されます。

ICRPの勧告を安全の基準ととれば、食品に対する安全基準値や農作物や魚介類に対する基準値、さらには内部被曝に対する許容線量までも、理論的に求めることが可能になります。その詳細は専門的になりますので省略しますが、結果だけを紹介しますと、出発点として1mSv/年をとるとセシウム137に対してもヨウ素131に対しても、許容線量は非常に低い値となって、我々は何も口にできないことになってしまうことが分かりました。

それで、ICRPが非常時に際して認めている20mSv/年の半分を許容値としてセシウム137に対する基準値を計算すると、成人の場合、kg当たり飲料水で340Bq、乳製品で6400Bq、野菜類で1300Bq、穀類で990Bq、肉・魚等は2800Bqとなって、大体において問題のない値となります。

出発点を10mSv/年ととることは別の面からも妥当という結論が得られます。それは私たちが生まれた時から体の中に持っている放射能のことです。この次の節で説明するように、成人の体内では毎秒4300個のカリウム40が壊れています。つまり、4300Bqのカリウム40の放射能を抱えていることになります。このことを基に計算すると、各食品に対する安全基準値とほぼ同じ数値が得られます。

次に、乳幼児に対する甲状腺ガンの発症が特に心配されるヨウ素131についてですが、ヨウ素131は寿命が短いため事故発生後3ヶ月も経てば消滅してしまいます。従ってその影響は一過性であり、一生涯のうちに二度と再びあびることはないと考えられますので、甲状腺がんの発現下限値200mSvの1/5の40mSv/年を許容線量として安全基準値を求めることにしますと、体重25kgの子供の場合、kg当たり飲料水で420Bq、乳製品で2300Bq、野菜類で2000Bq、穀類で1300Bq、肉・魚等で3800Bqとなり、飲料水以外はかなり緩やかな値になります。これが乳幼児になると事態はかなり厳しくなり、飲料水で200Bq、乳製品で1100Bq、野菜類で800Bqという値になります。特に飲料水についてだけは母親たちの不安を完全には拭いきれない値というべきでしょう。世の母親たちの心配はまことにもっともであるといわざるを得なくなります。

最後に、汚染された環境で生活する場合の内部被曝についての評価結果を紹介します。ただし、それには環境からどれだけの放射能を取り込むかが分かっている必要があります。ここでこの割合を仮に10％と仮定することにします。この値は十分安全サイドに余裕を見た値であろうと思われます。

内部被曝についての許容線量を1mSv/年として許される土壌汚染は、体重25kgの子供について0.16μSv/時となりますが、1日の校庭での野外活動は精々8時間と見積もられますので、許容線量は結局0.5μSv/時ということになります。従って、0.5μSv/時まで下げられた福島県内の小中学校の校庭での屋外活動にはなんの心配もいらないことになります。一方、体重50kgの大人に対しては、1日8時間の野外作業をするとして、許容汚染濃度は1.0μSv/時となり、これが農作業をする上での目安となります。

放射能の同居人

ところで、私たちの周囲には、平均して3ヶ月当たりおよそ100～200マイクロシーベルト（1万分の1ないし2Sv）の自然放射線（宇宙線と天然放射能からの放射線）が存在しており、また、コップの大きさ程度の測定器は毎分30～50カウントの天然放射能（バックグラウンド）を計測します。これはおよそ2Bqに相当しますが、体積が増えればそれだけバックグラウンドも増えるので、人間が受ける自然放射能は100Bq程度であると見積もることができます。

実はそれ以外にも私たちは放射能を抱えています。私たちの身体には、ナトリウムと同族のカリウムという元素が存在していますが、このカリウムには、0.01%の割合で放射性同位元素のカリウム40が含まれています。成人の身体には約140グラムのカリウムが存在するといわれているので、体内にはおよそ14ミリグラムのカリウム40がある計算になります。これは、実に4300Bqの放射能に相当します。さらに、人間の身体には16キログラムの炭素が存在し、その中にはカリウム40の放射能に匹敵する量の炭素14が含まれています。

これら一連の自然放射能は、つねに私たちの身の回りにいて、いわば長いお付き合いをしている“隣の放射能”と言うことが出来ます。ちなみに、国際放射線防護委員会（ICRP）が勧告している一般人に対する年間許容線量は1000分の1シーベルト（1mSv）です。この値は、1メートル離れた位置にある約77万Bqのコバルト60の放射線を1時間浴びたときに受ける線量に相当します。茨城県民が抱いた不安も、茨城県の農産物や海産物に対する拒絶反応も全くいわれのないものであったことは明らかでしょう。

良い放射能

どうも世間では、この世には良い放射能と悪い放射能の二種類があると思っているふしがあります。原子力関連施設から出る悪い放射能が嫌われる一方で、ラジウム温泉に代表される健康に良い放射能が有り難がられています。かつて、日本原子力研究所の門前にあった見学者センターでは、ウラン入りの壷が土産品として売られていました。その壷に水を入れて置くと健康に良い水になるということで、結構人気がありました。さしずめ最近もてはやされているイオン水の元祖と言えるでしょうが、その効果のほどはどうでしょうか。

ラジウム温泉は含有放射能の濃度が高いほど珍重され、有名な温泉の湯には1リットル当たり数千Bqを超える放射性のラドンを含むものが多く知られています。ラジウム温泉の薬効が、長年にわたって信じられてきたことは確かです。その効能が放射能によるものであるのか、それとも放射能を含んでいない普通の温泉のように、温泉水に含まれているミネラル成分の効果によるものかは、検討の余地が残されていると思われますが、少なくとも放射能泉が害を及ぼした例は、知られていません。放射能泉の地元で、ガンの発生率が特に高いということが指摘されたこともありません。逆に、専門家の調査によれば、温泉地の周りには、長寿の人が多いことが認められています。

その反面、反原発グループの中には、ラジウム温泉地の周りには染色体異常が多く見られるといっている人がいることも無視すべきではないでしょう。この問題については、今後信頼性の高い疫学的調査が望まれます。

役に立つ放射能

実は、私たちには、医療用の放射線や放射能との付き合いもあります。がん治療のためのコバルト照射や、すでに発病している患者に投与する診断用のテクネチウム99mは、なんらかの放射線障害を確実に引き起こすほど強力ですが、これはがん治療のためにはやむを得ないこととして受け入れられています。

問題は、健康な人が検査のために浴びている放射線です。国連科学委員会の報告によれば、胸部（肺・心）のX線間接撮影で0.3mSv、断層撮影では8.6mSvの線量を、また、胃・上部消化器官の間接撮影で2.8mSv、透視では4.2mSv、頭部のCTスキャンでは6.9mSvの被曝をするとされています。そのほかにも、PET診断や歯の治療、さらには骨折部の撮影など、様々な場合に放射線が使われています。

原子力施設から放出されようが、温泉から湧いて出ようが、はたまた医療用であろうが、放射能は放射能であり、両者の間に根本的な差がある訳ではありません。つまり、世の中に良い放射能も悪い放射能も無いのであって、放射能は放射能なのです。大量の放射線を浴びれば害になることは明らかです。そのために、業務上、放射線に被曝する危険のある職業人に対しては、ICRPによって年間の許容線量が20mSvと勧告されています。また、我が国でも、その趣旨にのっとって定められた放射線障害防止法を遵守して作業を行うことが求められています。

被曝者に心のケアを

臨界事故では、放射能よりも中性子線による被曝の方が深刻であったのです。原子力安全委員会が日本原子力研究所の専門家の分析結果に基づいて発表したところでは、一般人の年間許容線量である1mSvを超えて被曝した人は120人を超える恐れがあり、なかでも、被曝して倒れた作業員を救助に向かった消防署員3名と、隣接した建設作業所の従業員7名は、最大15mSvの被曝をした可能性があると推定されました。それ以外の人たちの被曝量は、最大でも5mSvを下回っており、健康上何ら問題が無いことは、上に述べたICRPの勧告の趣旨に照らしても明らかです。

最も大量の中性子線を浴びた10人の人たちの15mSv程度の被曝は、放射線作業従事者の間では時として発生していますが、なんら健康上の問題は生じていませんし、放射線医学の専門家も心配する必要はないという意見です。ただし、個人差もあり、念のために定期的に健康診断を行い、その後の経過に注意を払うことが望ましいことは勿論です。

今回の東京電力福島第一原発の事故では、今後JCOの場合とは比較にならない数の人達が桁違いの積算被曝をすることが確実です。彼らに対してはより一層の手厚いケアがぜひともなされなければなりません。

特に気をつけなければならないのは、妊婦や乳幼児の被曝です、放射線障害は、活発な細胞分裂を繰り返して、増殖しつつある細胞において、最も強く現れます。そのために、ほんの僅かな放射線被曝によっても、母親のお腹の中にいる胎児がなんらかの障害を受ける可能性は非常に大きく、次いで、乳幼児も大きな危険を抱えることになります。ですから、かれらに対しては、放射線に曝されることをできるだけ防がなければなりませんし、万一被爆した恐れのある場合には、細心の注意を払って、観察を怠らず、必要な治療を施さなければなりません。妊婦に対してX線透視や撮影を行なうことは絶対に慎まなければならないのです。同じ理由から、成人の生殖器も深刻な影響を受ける恐れがあります。医師の中にも放射線障害に付いてはまだまだ不勉強な人が多く、今後、放射線医療の一層の周知徹底を図る必要があります。

法定限度を超えた被曝が生じたことはゆゆしいことであり、厳粛に受けとめなければならないことは勿論ですが、現実に被曝してしまった人たちの精神面を含めた救済の方がより重要です。実際になんらかの障害が現れるほどの積算被曝を受ける一般人は、極めてまれと思われますが、万一傷害が現れた場合は勿論のこと、かれらが感じている不安が杞憂に過ぎない場合でも、それを取り除いてあげるような対応をすることが必須となるでしょう。

生物進化と放射線

不必要に放射能を浴びることは無意味ですが、無闇に放射能を怖がることもないのです。なにしろ生命の誕生以来、われわれは絶えず放射線の影響下にあったわけで、生物の進化に放射線が重要な役割を果たしてきたことは間違いありません。もし放射線がなかったならばわたくしたち人類は生まれてこなかったかも知れないのです。生物体では、絶えず古くなった細胞が死んで新しい細胞に置き換わる“アポトーシス（細胞死）”という現象が起きていることが知られていますが、放射線影響学の専門家の間には、放射線がアポトーシスの過程で劣悪な細胞を選択的に排除しているという意見もあります。

もっと積極的に、適度の放射線に継続的に晒されることは老化防止や免疫力の増加などの効果があると、一部の専門家たちには信じられています。自然が作り上げた生命の巧妙な仕組みを見るにつけても、放射線が35億年に及ぶ長い生命活動の中で、何らかの積極的な役割を与えられるようになったということは、大いに考えられることです。

今後は、一般人と雖も少しは正しい放射能の知識を持つことを心がけ、いたずらに不安に怯えることの無いようにすべきではないでしょうか。放射能についての正しい知識を身に付けてこそ、唯一の被爆国民であるわたくしたちの主張を世界に認めてもらうことが出来るでしょう。

第12章　長期気候変動と異常気象

古代の気候

7億年前頃の地層を調べると、寒冷気候の証拠である氷河堆積物が世界各地で発見されます。当時の大陸配置を古地磁気のデータと併せて復元すると、氷河が赤道付近にまで拡がっていたことが分かります。これを説明するために、7億～6億年前には全地球が氷に覆われた全球凍結事件が起きたという説が、アメリカのカーシェビングによって出されました。全球凍結事件は25～24億年前頃にも起きており、あわせて数回は起きていると推定されています。次いでアメリカのホフマンは氷河性堆積物の上層部と下層部の炭素同位体比を調べ、上位層の部分（キャップカーボネート）だけが火山ガスと同じ、つまりマントル起源の炭素と同じ-0.5%という低い値であるという結果を得ました。このことは光合成を行なう生物による同位体の分別効果が見られないこと、すなわち気候が寒冷化し、氷床が地球を覆って生物活動が大きく低下したことを示していると説明されました。

地球規模の寒冷化の原因は良く分かっていませんが、二酸化炭素やメタンガスなどの温室効果ガスの減少によると推定されています。火山活動の低下による火山ガス供給の減少、生物の光合成活動による消費、岩石の風化作用による炭酸塩鉱物として固定されたことなどで二酸化炭素が減少したことが考えられています。

一度寒冷化した氷河が広範囲に形成されると、その正のフィードバック作用でますます寒冷化が進むことになり、平均気温は-50℃に迄低下し、赤道地域迄氷に覆われる環境が出現して生物活動が極端に低下することになります。全球凍結事件は、7億～6億年前に少なくとも2回起きた他、24億～22億年前にも発生したと考えられています。

1億年前には、逆に現在より気温が10～15度も高く、二酸化炭素の濃度も現在の数倍にも達していた時期があったと考えられています。

過去百万年間、氷河は何度も極地方から赤道方面へと拡がり、一時的に後退はするものの、すぐにまたぶり返すことを繰り返しています。氷河期には、アジアやヨーロッパの大部分、カナダのほとんどと合衆国北部の4分の1が厚さ1km以上の深さの氷で覆われました。それにも拘わらず、過去百万年間に起った数回の氷河期が地球の生命を絶滅させることはなく、人類もまた例外ではありませんでした。

氷河期と氷河期の間は"間氷期"と呼ばれ、私たちの生きているこの時代もその一つになります。今から13万5千年前に始まり2万年続いたエーミアン間氷期は現在の後氷期よりも2度程度温暖且つ湿潤であったと考えられています。当時は南極大陸西半分の氷床の大半は溶け去り、氷床が残っているのは南極大陸東半分とグリーンランドのみでありました。そして海面は現在より6～8m程上昇していました。大気中の二酸化炭素とメタンの濃度は、産業革命以前の現間氷期とほぼ同じですが、気候は初めに考えていたほどには安定していなかったことが分かって来ました。

エーミアン間氷期から次のヴュルム氷河期への変化は短期間に急激に起りました。地球の温度は、寒冷の方向へも温暖の方向へも突然変わり得ます。そしてその変化は、大気大循環と海洋循環の変化が引き金になって引き起こされるのではないかと考えられています。

1920年にミランコヴィッチが地球の軌道要素の僅かな周期的変化に関連した大周期季節説を唱えたことを第2章でお話しました。それによると、現在は氷河の後退する大周期春季が終わったところで、次の氷河期が始まるのはおよそ5万年後ということになります。

氷河期の終り

西ヨーロッパをほとんど人の住めない辺境にしていた厳しい氷河は、1万1千年前位までには大きく北に後退し、暖かさを好む生物が住めるようになっていました。その後、およそ1万800年前頃の100年間に劇的な変化が起って、氷河期が姿を消しました。この急激な気候変化の時代は、寒冷地に見られる小さな美しい花にちなんで、ヤンガードライヤスと呼ばれています。

ヤンガードライヤスが起きる理由はよく分かってはいませんが、海水の循環がその原因と考えられており、したがって塩分濃度が重要になります。いずれにしろ、温室効果ガスの急激な作用によるものではないと結論付けられています。

今より約2度高い"最適な気候"と呼ばれた8000～3000年前の時代に地中海東部の三日月地帯に文明が生まれ、一方、北米ネブラスカの現田園地帯は旱魃で沙漠に覆われていました。現在の間氷期（後氷期）に入ると地球の気温は上昇を続け、約6000年前にピークに達します。今から9000～4000年前あたりは総じて温暖な時期で、中でも6500～5500年前は全世界的に現在より2～5度も高温で、後氷期高温期または気候最適期と呼ばれています。

その後、約5500年前から気温は全体として低下傾向になり、紀元前後に極小期を迎えた後、少しずつ上昇を始めますが、3～5世紀にまたもや低温期に入ります。

8世紀頃から気温は上昇を始め、10～13世紀は現在より約1度高めのかなり暖かい気候が続いた模様で、中世最適時代と呼ばれます。北大西洋北部等の氷が激減し、グリーンランドは氷床が消えて、森に覆われた島に変貌しました。

14～16世紀からは小氷期に入り、1650年頃には気温が最低になります。この寒冷化は19世紀まで続きます。19世紀始めの気温は、現在より1～2度低く、北大西洋の海水温度も1～3度低めでした。

地球の温暖化が始まるとハインリッヒ・イヴェントと呼ばれる現象が起りだします。大量の氷が溶け出すことによって大氷山の循環が始まり、海水中の塩分濃度が低下して生物プランクトンの成長が衰えます。現在のグリーンランドの氷床の半分が融けて流れ出た冷たい真水が蓋のように海面を覆う結果、熱のベルトコンベアー・ベルトが動き始め、気候変動を引き起こすことになるのです。

赤道付近で海水の蒸発により塩分濃度の高くなった海水がメキシコ湾流となって北上し、高緯度地方で冷却された結果、比重が大きくなって深層に沈み込み、南大西洋を南下した後、インド洋深海を通って太平洋に流れ込み、アリューシャン列島付近で海面近くに浮上します。そこからは表層海流となってインドネシアを通り、喜望峰の南端を抜けて南大西洋に戻ることで循環パターンができあがります。この熱塩循環と呼ばれるサイクルは、気温が上昇して南極の大量の氷が溶け出すと塩分濃度が低くなって、崩壊に曝されるようになります。

一方、陸から海に流れ出した硫黄は、海草中に硫黄化合物（ジメチルスルフォニルプロピオネートDMSP）として一旦固定された後、酵素によって分解されジメチルサルファイドDMSに変わります。こうして作り出されたDMSの約10分の1が大気中に放出されますが、その量は春から夏にかけては冬期の100倍にもなります。

大気中に放出されたDMSは速やかに二酸化硫黄に変わり、これが核となって雲の中の水分を吸収し、多くの小水滴に分割されます。小水滴の数が増す程宇宙空間に反射される光りが増し、地表に届く光の量が少なくなります。雲の反射率（アルベド）が増えれば、光合成に使われる日光が少なくなり、海水の温度も下がります。それによってDMSの生産量が減少し、気候に対し負のフィードバックの働きをすることになります。とはいえ、ものごとはそれほど簡単ではありません。DMSを生産するプランクトンもあれば消費するプランクトンもあるために、DMSの増減は自明のことにはならないからです。

気候と生物種

古生代・中生代・新生代は、それ以前の先カンブリア代に比べて、生物の存在が顕著であることから顕生代または顕生累代と総称されます。この顕生累代の中でも生物は何度となく絶滅を繰り返してきました。絶滅を免れた生物が新たな環境に適応し、多様化することで現在の生物相へと進化してきました。

古生代カンブリア紀に多くの生物が爆発的に進化（カンブリア紀大爆発）し、現在生存する動物の門のほとんどがこの時に出揃いました。その中には脊椎動物の祖先も含まれています。多種多様な形態が一斉に出現し、その多くは絶滅しましたが、偶然生き残ったグループが現在に至ったという考えが出されています。

アメリカのセプコスキーは顕生累代の海生無脊椎動物の科や屬の数がそれぞれの時代でどのように変化しているかを調べました。それによると、古生代から中生代にかけて生物が少なくとも5回の大絶滅を経ていることが分かります。なかでも、古生代/中世代境界の大量絶滅では、海生無脊椎動物の96％が絶滅していますが、その原因は分かっていません。境界地層へのイリジウム濃縮等の証拠が見られないことから、隕石の衝突があったとは考えられず、絶滅は比較的長期にわたって徐々に起こったものと見られています。

中生代に入ると、大量絶滅を生き延びたグループがまず回復し、やがて爬虫類に代表される新しいグループが登場して、爬虫類の全盛時代が始まりました。

ジュラ紀から白亜紀にかけては、火山活動の活発化により二酸化炭素の放出量が増加したことが原因で温暖な気候が持続しました。白亜紀と新生代古第三紀との境界で起った隕石の衝突によって、我が世の春を謳歌していた恐竜が絶滅し、それまでは日陰者であった哺乳類が主役に躍り出たことは第2章で触れました。

新生代は古第三紀、新第三紀、第四紀に分けられ、後半は寒冷な気候が支配的で、とくに人類紀とも呼ばれる第四紀は顕著な氷河期と間氷期の繰り返しで特徴付けられます。

中世温暖期の気候大変動

カリフォルニア大学サンタ・バーバラ校の人類学名誉教授ブライアン・フェイガンは、初めて人類学的見地から中世温暖期の気候を取り上げました。そして、中世最適時代と呼ばれている温暖な10～13世紀が人類にとっては決してバラ色の時代ではなかったことを解き明かしたのでした。

現代と比較して、僅か＋1度Cの差に過ぎない気温の上昇が引き起こした気候の変動が地球規模の大旱魃をもたらし、そのせいで多くの王国が姿を消し、文明が崩壊したのでした。

調べによれば、中世最適時代を通して気候が常に良好だった訳ではなく、たびたび豪雨と旱魃に襲われ、人々は飢餓に苦しんだことが分かっています。気候の変動は大気の運動によるものでした。北大西洋振動と呼ばれる大気の運動は、アゾレス諸島上空に居座る高気圧とアイスランド上空に停滞する低気圧の間で気圧が不規則に変わるシーソー現象のことをいいますが、その実態はほとんど解明されていません。アイスランド上空に低気圧が居座り、ポルトガル沖とアゾレス諸島で高気圧が発達すると、北大西洋では西風が優勢になって冬の風が強まり、北ヨーロッパは雨の多い暖冬になります。この“高モード”の気圧配置が逆転した、北部が高気圧・南部が低気圧になる“低モード”では西風が弱まり、ヨーロッパははるかに寒い冬を迎えることになります。

極端な低モードになると、グリーンランドとスカンジナヴィアの間に高気圧が居座るようになって、グリーンランドの気温は平年より高くなり、北ヨーロッパと北アメリカ東部はどちらも気温が平年よりもずっと低くなります。

北大西洋振動は太平洋南方運動に関連があり、エルニーニョやラニーニャを引き起していると考えられていますが、その詳細は明らかではありません。中世温暖期に起った4

度の深刻な旱魃は、エルニーニョないしその逆の現象である乾燥したラニーニャと太平洋十年規模振動によって引き起されたと考えられています。北半球の気温が高まり太平洋西部とインド洋が異常に暖まったことが原因でした。

南方振動は太平洋熱帯域の東部と西部の間で海面気圧がシーソーのように揺れ動くパターンを指します。一方、エルニーニョとは、ニューギニア以東の太平洋で西風が強まって、貿易風によって西部に大量に送り込まれた暖水を東に追いやり、太平洋東部で冷水層を押し下げた上に流れ込んだ暖水がアメリカ大陸の海岸線沿いに拡がる現象です。エルニーニョと南方振動が結び付いたエルニーニョ・南方振動によってオーストラリアとインドネシアは厳しい旱魃に見舞われ、かたや乾燥したガラパゴス諸島とペルーの海岸上空に雨雲が発達します。南アメリカ大陸上空の湿った暖かい空気はジェット気流を北によろめかせ、メキシコ湾には嵐を、カリフォルニアには豪雨をもたらします。大型のエルニーニョが及ぼす影響力は世界的な規模で深刻なものになります。

太平洋中部から東部へ暖水が拡がると、一部は南アメリカの海岸から押し戻されて最終的にアジアに打ち寄せて、再び押し返します。今度は西部で冷水層が下降し、東部では上昇します。その結果、東からの貿易風が強まり、太平洋西部の暖水域が拡がります。それが極端になって不規則に現れると、ラニーニャになります。

エルニーニョが冬に太平洋熱帯域東部を暖めると亜熱帯

高気圧が強まり、翌夏には西に移動します。夏のモンスーンは例年ほど北の方まで吹かなくなり、黄河流域は降水量が減り、旱魃が起ります。東アジアのモンスーンは長江の中流および下流域に停滞し、6月7月に豪雨に見舞われ、北部は厳しい旱魃に苦しむことになります。

南方振動のシーソーが動き、低温で乾燥したラニーニャ現象が太平洋で始まると、亜熱帯高気圧はもはやモンスーンの北方への移動を遮らなくなり、北部で夏の雨が降り、しばしば広範囲に洪水が発生、南部では逆に乾燥気味になります。

大型のエルニーニョが発生すると、ペルーの海岸に豪雨と洪水、カリフォルニアにも土砂降りの雨が襲います。逆に大西洋では熱帯性低気圧やハリケーンの発生頻度が減ることになります。東南アジアとオーストラリア、中央アメリカとブラジル北部そして熱帯アフリカには深刻な旱魃が発生します。ラニーニャは往々にして継続期間が長く、世界の広い範囲で旱魃を起こすことになります。

以上見て来たように、フェイガンらの研究は、たとえ僅かの気温上昇に過ぎなくとも、大気の大規模運動の帰趨如何では大規模な旱魃と、その対極にある豪雨・洪水によって人類が飢餓に襲われる危険があることを示唆しており、現にその徴候は世界のあちこちで見られています。気温の上昇度と海水面の上昇度にのみ眼を向けているこれまでの温暖化論に対して、全く新しい視点を与えるものと言うべきでしょう。

気候変化に対する太陽の影響

太陽の黒点は、太陽表面の他の部分に比べて、著しく温度の低いことが知られています。1893年、イギリスの天文学者エドワード、ウオルター、マウンダーの3人は1645年から1715年までの70年間に記録された黒点の総数が現在のどの1年と比べても少ないことを発見しました。マウンダーらの考えは最近の研究によって支持され、“マウンダー極小期”と呼ばれることになりました。

マウンダー極小期においては、黒点だけでなく、オーロラについての報告もほとんど見られません。また、その期間の皆既日食のコロナの形は黒点極小期に特有の特徴を示しています。

黒点の周期から推定される太陽の磁場の変化は、大気中の炭素14の量を左右します。黒点極小期には太陽の磁場も収縮するため、宇宙線が地球を直撃し、炭素14の生成が増すのです。

樹木の年輪と炭素14の量の関連を調べることによって、太陽活動が不活発になった時期を調べ、紀元前3000年以降の歴史時代において約12回の不活発期があったことが突き止められています。その期間の長さは不規則で、50年しか続かなかったものも、何世紀にもわたっているものもあります。

クリス・クリステンセン－ラッセンは1991年に気温の経年変化と太陽活動のサイクルとの間に相関関係があることを報告しています。今から1万年前、地球は7月に太陽に最も近くなり、陸と海の温度差が大きくなって季節風が起り、モンスーンが活発になりました。南西の季節風がサハラ砂漠に入って草原をつくりだしました。

南極にあるロシアのボストニーク基地で厚さ2000メートルの氷床から切り出したコアサンプル中の酸素18と二酸化炭素の測定によって、過去16万年分の気候の歴史が調べられました。その結果、気温の変化は地球の軌道要素で説明できることが示されました。その際、二酸化炭素濃度はその振幅を増幅する役目を果たしていると結論付けられました。

異常気象

ここ数年は地球上のあちこちで異常気象が頻発し、記録的な豪雨・洪水、酷暑、大暴風雨の発生や逆に大寒波の襲来に見舞われています。そしてこのような異常気象は、地球温暖化が引き起した不安定な気候のせいであるという意見が主流になっています。

30年以上に1回の稀な気候を異常気象と呼びます。なかでも、1963年の異常気圧、1984年の寡雨、1990年の暖年は超異常気象に分類されると根本順吉は述べています。これらの異常気象はエルニーニョ現象と結び付けられて論じられることが多いのですが、エルニーニョは5～6年に1度の現象であり、大きなものでも15年に1回と短く、異常気象の原因とは認め難いと根本は主張しています。

彼は、1963年1月に発生した異常低気圧現象の結果引き起された低温・豪雪は地球自転の異常による慣性能率の変化が原因で海水と空気の分布が変化し、気象異常（偏西風の変化）が起たとすることで説明できると言っています。

1980、81、83、87、88年は17世紀以来の最高気温を記録（1970年代後半はマイナス）しました。その際、赤道付近はあまり上昇せず、北緯60度近辺で最も上昇しました。このため西風が弱まり、亜熱帯上空の高気圧が北に偏ってしまいました。サハラ砂漠上の亜熱帯高気圧や大西洋高気圧が北上してアメリカ中西部に大旱魃、さらに太平洋高気圧の西端が中国に行き、中国にも大旱魃を起しました。これらの事例から明らかなように、温暖化そのものよりも、それが引き金になって起る気候の不安定さ、激烈な気象変化の方が、人類にとっては問題になります。

2008年の夏は、日本全国で頻繁にゲリラ豪雨が発生し、貴い人命を始め多くの被害を出しました。その原因は、日本海上を西に流れる偏西風が本州上空で大きく南に蛇行した結果、北からの寒気団が流れ込み、南からの暖かい湿った空気とぶつかって短時間に雨雲を発生させたためと説明されています。したがって、偏西風の蛇行がゲリラ豪雨を引き起した原因であることは間違いありませんが、なぜ極端な偏西風の蛇行が起るのかは明らかにされていません。それが直接温暖化と関係しているのかどうかはもう少し様子を見る必要があると思われます。

第13章　地球温暖化

温室効果

毎年冬になるとユーラシア大陸の北部や北アメリカには雪が降り、そのほとんどが凍った氷で覆われます。しかし、降り積もった雪の厚さは高々数メートル以下にしか過ぎず、夏にはすっかり姿を戻してしまいます。夏に融ける雪の量は平均して冬に降る雪の分量に等しく、全体としてバランスが保たれています。

もし夏の気温が僅か2、3度下がったとすると、平均して暑い夏が減り、冬に降った雪は夏の間に完全には融けきらず、年ごとに残雪の量が増えてゆくようになります。極地や緯度の低い地帯の高山に存在する氷河は冬ごとに成長し、夏が来ても元通りに後退することがなくなります。その変化は、氷が岩や土よりも10％も多く光を反射するために、地球の平均気温の低下を招き、氷の成長を加速することになります。

逆に、かなりの期間にわたって夏の気温が2、3度上がったら夏に解ける雪の量は冬に降る雪の量より多くなり、氷は1年ごとに後退してゆきます。その過程で、地球全体で日光を反射する率は減って、より多くの熱を吸収するようになります。地球温暖化の始まりです。

大気中の二酸化炭素と水蒸気は赤外線を遮って熱を保持

する役割を果たします。二酸化炭素は地球大気の中に僅か0.03％しかありません。これに対して、水蒸気の割合は色々変化するものの、それより遥かに少ない量しか含まれていません。いずれにしろ、これらが大気中に存在しているため、地球の平均気温は、それらが存在しない場合よりもかなり高くなっています。この効果を温室効果と呼んでいます。二酸化炭素の量が増えれば赤外線の輻射がそれだけ抑えられ地球の気温が高くなります。その結果、海水の蒸発が促進され、空気中の水蒸気が増えて温室効果をさらに高めることになります。

二酸化炭素の量の変化は過去15万年の間の気候変化にぴったり合致しています。メタンは温室効果ガスとして二酸化炭素より20乃至30倍強力です。ばく大な量のメタンが永久凍土の下にクラスレートの形で閉じ込められています。氷河期末期の温度上昇は、500～1000年でこのクラスレートに伝わり、メタンが大気中に放出され、氷河期の終結を加速したと結論づけられています。

ミハイル・バディコは地球気候史の研究から現在の2倍の二酸化炭素濃度に対する気温上昇度は3度Cと見積もりました。1億年前の地球は、現代より10乃至15度も気温が高く、二酸化炭素濃度も数倍であったと推測されます。

一つ前の間氷期である13乃至12万年前の地球は現在より1～2度高かったらしいことが分かっています。これに対して、1万5千年前の氷河期の気温は、現在の後氷期より5度も気温が低く、海面は100メートル下がっていました。

地球温暖化の議論

地球が今後寒冷化に向かうのか、それとも温暖化の方向に向かうのかについては、過去50年程の間にめまぐるしい変転がありました。

1950年代迄は温暖化論が主流でしたが、その後寒冷化説に転じ、1970年代を中心に寒冷化説が隆盛を極めるようになりました。ところが1980年以降ふたたび温暖化論が復活します。それには1983年に出された米国環境保護局（EPA）のレポートが一役買っています。

1988年には、温暖化論が一大ブレイクします。1988年6月23日にアメリカ上院議院で開かれたエネルギー委員会の公聴会で、ゴダード研究所のJ. ハンセンは、自ら行なったコンピューター・シミュレーションの結果を基に“過去30年間の観測結果から87年前より1.4度C暖かくなっている。このような温暖化が偶然現れる確立は1％である。したがって、99％の確かさでこの期間の温暖化は真の温暖化傾向によるものといえる”と証言しました。

このハンセンの発言に対して、少なからぬ研究者が批判する側に回りました。彼の“99％”発言が学会の場ではなく、議会公聴会という政治的に絶大な影響力のある場でなされたことが、研究者集団内部と外部に向けての発言の違い、いわゆるダブル・スタンダードと取られたためでした。

そもそもこの公聴会そのものが、ハンセンらの研究者グループの強い働きかけで実現したもので、公聴会以後地球温暖化説は広く一般に受け入れられることになり、彼等の目的は確かに達成されたといえます。

二酸化炭素に代表される温室効果気体の増加に伴い、対流圏の気温が上昇して来ています。このままの調子でそれらの気体が増え続ければ、気温の上昇が無視できないようになり、異常気象や海水面の上昇など、大変な事態になるという議論が国際的会議の場でも取り上げられるようになってきました。しかしその反面、温暖化自体を否定する報告もあり、さらに、将来温室効果気体が増加したとしても気温はほとんど変化なく過ぎるだろうという意見もあります。

イギリスのP. D. ジョーンズらは、全地球的に平均した地上温度の経年変化を調べました。彼等が作成したグラフを見ると、気温は数年という時間規模で変動していること、100年間当たり0.6度C程度で温暖化の方向に向かっていることが読み取れます。しかし、その気温上昇傾向は一様なものではなく、1890年代とか1970年代など特定の時期に大きく上昇し、それ以外の時期にはほぼ一定であるように見えます。このジョーンズらの分析結果は、極めて信頼性の高いデータとして広く受け入れられています。

気温変動を調べるためには様々な要因を補正しなければなりません。古いデータは測定点が少なく、信頼性も低い上、観測点を取り巻く環境の変化や観測所の移転といった原因でデータに不連続性が生じるケースが多々見受けられます。中でも、近年の田園都市の近代化という都市化の影響が最も深刻です。大都市の周辺での気温の上昇のほとんどは、この都市化によるヒートアップ（ヒートアイランド現象）が原因であり、地球温暖化の現れではないといえます。

地球温暖化の有無を論じるにあたっては、温度変化の場所による非均一性を考慮しなくてはならないことも留意しなければなりません。たとえば、北半球の各地点で平均した気温の20年間の変化量を見ると、日本付近ではむしろ寒冷化の傾向が認められます。逆に、南極大陸の西側にある南極半島の気温は過去50年間に2.8度上昇したと報告されています。大気の大規模な運動によってこのような非均一性がもたらされるのです。地球を包む温室効果ガスの増加がある地域に温暖化をもたらす一方で、他の地域に急速な寒冷化を引き起こす可能性も考慮する必要があります。

一方、海面水位については、100年当たりで平均20センチメートルの上昇が報告されていますが、これは氷河の氷が融けたよりも、むしろ水温上昇による海水の体積の膨張が主たる原因であるとされています。

地球環境の分野においては、ある信号－ノイズ比について因果関係があるかそれとも単なる偶然かという問題は、個々人がどう判断するかの領域に含まれています。同じ気象データから相反する結論に到達することが日常的に起りうるのです。

温暖化の影響

1997年の地球温暖化防止京都会議では、地球温暖化は進行しており、その元凶が二酸化炭素の増加であるという意見が決定的になりました。2001年に出されたIPCCの第三次評価報告書には、“世界が温暖化対策を取らなければ、今後100年間で平均最大5.8度の気温上昇と88センチメートルの海面上昇が起る”と記述されています。地球温暖化論者は1978年以降北極の氷が数％減少したと主張しています。現実に、ヒマラヤやアルプスさらにはニュージーランドの氷河が年々後退を続けていることが報じられていますし、南極大陸西部の氷原の氷が消えつつあるという新聞報道もありました。

京都会議では参加した途上国の間に地球温暖化は先進国に責任があるという意識が強く、残念ながら実効性があるとは言えない結果に終始した感がありました。2015年にパリで行われた会議では途上国にも自らの問題と受け止める空気が強まり、事態はかなり進展したように思えます。特に二酸化炭素排出量世界一の中国やインドの積極的な姿勢が見られるのは希望が持てます。ただ、世界第2位の二酸化炭素排出量の米国がパリ協定から離脱すると宣言したのはまことに遺憾な事態です。

温暖化が進むと水資源の枯渇、水不足、水質汚染、海面上昇といった影響が現れて来ます。ヒマラヤでは氷河の後退に伴って、末端の氷河湖の水嵩が増え、氷河湖が決壊する危険性が増しています。河川の流量の減少や地下水の汲み上げによる地盤沈下は、塩水の侵入を招きます。アメリカ大陸では五大湖の水面が50センチから2.5メートル下がることによって生活環境が変化し、湖底の汚染物質が地上に出てくる危険性が危惧されています。生態系が変化し、湖の塩水化を防ぐためには故意に洪水を起すようなこともしなければならなくなると警告されています。

南半球での海面温度上昇は熱帯性サイクロンの中心気圧を下げ、ハリケーンの激化をもたらすと共に、高緯度地域へのハリケーン発生域の拡がりという結果になることが予測されます。ここ数年、各地で頻繁に集中豪雨や大旱魃、極端な高温や低温現象が見られ、人々に地球温暖化が引き金となって気候が不安定になっていると感じさせています。異常に早い気候変化が地球の降水や蒸発パターンを変え、海洋の循環に影響を与えた結果、気候の異常を引き起しているかも知れないのです。

南極大陸西部の氷原は数度Cの温暖化によって消失する可能性があります。アシモフはグリーランドの260万立方キロメートルに及ぶ氷冠と極地付近の他の島の氷が融けると海面は今より5.5メートル上昇すると計算しています。海面の上昇は海岸への浸水や侵食を引き起こし、海岸は大幅に後退することになります。さらに地球の氷の90%が集中する南極の氷が融けると海面は55メートル上昇するといっています。

しかし、温暖化の影響については、そんなに重大なことにはならないという反対意見もあります。薬師院仁志によれば、南極大陸は標高も高く、極端に低温のため、温暖化で氷が融けることはなく、逆に、大気中の水蒸気が増えることで降雪量が増加すると述べています。南極の氷床拡大によって氷冠は0.5%拡大し、海水位は1年当たり1.5ミリメートル低下します。グリーンランドの氷の融解は毎年0.5ミリメートルの海面上昇をもたらすと計算されるので、全体では気温上昇1度Cにつき1ミリメートル/年の程度の下降で収まると見積もられます。したがって、南極大陸の氷河は間氷期に拡大し、氷河期にはある程度後退することになります。なお、北極の氷の融解はアルキメデスの原理によって海面の水位の変動には関与しません。

また、海面水位の温度上昇による熱膨張の影響は、S. H. シュナイダーの見積もりでは、気温25度Cの時で1度について3センチ、0度Cの時に0.5センチメートルと見積もられており、いずれにしろ、問題になるような大きな値にはなりません。

前章で紹介したB. フェイガンによる千年前の人類が経験した温暖化についての考証は、極めてユニークな視点から温暖化の影響に関する示唆を我々に与えています。当時の平均気温は、現在と比べて僅か1度高かったに過ぎないのですが、その気温の上昇が大気の大規模運動を活発化し、旱魃と大洪水を引き起こして絶えず食料危機をもたらし、そのため幾多の王国が倒れ、文明が消え去ったことを彼は指摘しました。

中世最適時代と呼ばれる温暖な時期が人類に幸せをもた

らさず、不安定な気候のせいで飢餓に苦しめられる結果になったのでした。気候が不安定になるという現象は、気温が現在より2度高く温暖湿潤であったエーミアン間氷期にも認められています。温暖化が叫ばれているここ数年は特に、世界中で旱魃や大洪水が頻発し、我が国でも集中豪雨やゲリラ豪雨の被害が多発しています。温暖化が気候を不安定にしていることは間違いのないところだと言えます。

こう見て来ると、温暖化で最も問題にすべきは、気温が何度上がるかとか海面が何メートル上昇するかではなく、差し迫る飢餓を如何に防ぐかということであると言わねばなりません。

地球のエネルギー・バランス

地球に入射する太陽放射エネルギーの大部分はおよそ0.4～0.8マイクロメートルの可視光線領域に集中しています。この波長域は大気中の二酸化炭素や水蒸気にほとんど吸収されることなく地表面に到達します。とはいえ、雲や地表による反射や大気による散乱・吸収によって、大気圏外まで到達した太陽放射エネルギーのうち地表に吸収されるのは約半分になります。

専門家の間で広く引用されているシュナイダーの解析による地球の放射エネルギー・バランスのデータによれば、地球に降り注ぐ太陽放射を100％とすると、大気によって反射されるエネルギーは25％、地表から直接反射されるエネルギーは5％と見積もられます。次に大気によって一

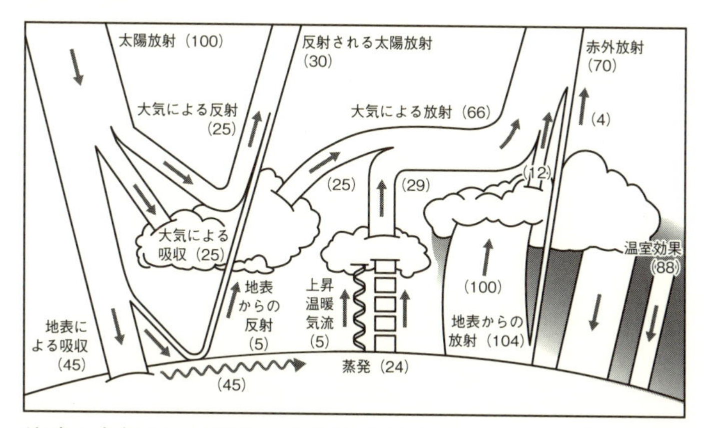

地球の大気上層の平均太陽定数（1平方キロメートル当り約340ワット）100とした時の放射エネルギーの収支バランス（S. H. Schneider, Sci. Amer. 256, no. 5, 72−80（1987）による）

図3　地球のエネルギー・バランス

旦吸収された後再び宇宙空間に放出されるエネルギーは25％で、これに地表からの反射分の5％を加えた55％は地球を暖めることなく宇宙空間に出て行きます。

直接地表に届いた45％の放射は赤外線に変わった後、蒸発による24％と上昇温暖気流の5％を合わせた29％が再び宇宙空間に出て行きます。残りの16％に地球自身が生み出す、太陽放射にして88％に相当するエネルギーを合わせた104％のエネルギーは、そのうちの4％が直接宇宙空間に放出される他は、一旦雲と温室効果ガスに吸収された後、12％だけが宇宙空間に放出され、残りの88％が地球に戻されることになるというのがシュナイダーの考えです。

こうして、結局のところ太陽エネルギーの増減は0となりますが、地球自身の生み出すエネルギーはそのまま地球に戻されることになります。この余分のエネルギーは輻射によって放出する他はなく、その結果によって地球の温度が決まることになるのです。地球自身の生み出すエネルギーには天然放射能の放射壊変や火山の噴火や地震、潮汐作用、気象現象などが含まれます。それに対して、人類が消費するエネルギーは太陽からのエネルギーのおよそ5万分の1程度に過ぎませんが、将来的には、ヒートアイランド現象との関連で、無視できなくなるであろうことも考慮しておくべきでしょう。

二酸化炭素の働き

地表面から大気に向けて起る赤外放射（放熱）のエネルギーの大部分は波長5～100マイクロメートルの範囲にあります。その中で、単位波数当たりの放射エネルギーが最大になる領域は波長約10乃至13マイクロメートルのところになります。赤外線が地表から大気に放射されると、二酸化炭素や水蒸気などの温室効果ガスによる吸収が起ります。しかし、各温室効果ガスが吸収できる波長域はかなり限定されています。二酸化炭素では12～18マイクロメートルがその吸収帯になります。水蒸気では、＜8マイクロメートルと＞16マイクロメートルに吸収帯が現れます。

大気は受け取った熱を上方と地表面の両方向に均等に再放射します。そのため、温室効果ガスといえども、その吸収波長域の放射を100％吸収することはできません。

次のページに示した図には、人工衛星ニンバス4号が夏の真昼にサハラ砂漠上空で観測した地球放射のスペクトルが与えてあります。図の中の14～16マイクロメートルの二酸化炭素の吸収帯を見ると、宇宙空間には全体の僅か20％しか戻されていないことが読み取れます。

この観測結果は、「二酸化炭素はすでに多量に存在しており、その吸収率も既に飽和している」という何人もの専門家の意見とも符号します。彼らの間には、二酸化炭素よりもむしろ二酸化炭素に比べて遥かに含有量の少ないメタンやフロンの方が将来的には問題になろうという意見があります。

1980年代における地球科学上最大の発見は、雪の化学成分から推論される気温と、雪が固まって氷に時に閉じ込められた空気中の二酸化炭素の量との間に著しい相関関係があるということでした。過去16万年間で、二酸化炭素の濃度は氷河期の方が間氷期よりも20～30％低いことが分かりました。殊に、氷河期が頂点に達した時には、大気中の二酸化炭素の濃度は190ppmと産業革命以前の濃度280ppmより30％も低い値でした。また、二酸化炭素と並んで重要な温室効果ガスであるメタンも、過去二回の氷河期にわたって、気温と密接な関係を持っていることが見出されています。

キーリングの報告によると、数年単位の平均で見た気温の変化は、二酸化炭素の変化に1年程度先行して起こって

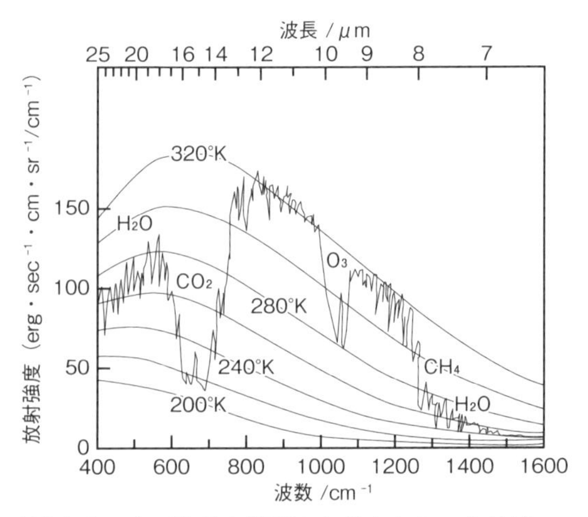

サハラ砂漠上空で人工衛星が観測した地表からの赤外線スペクトル。特定の波数域に二酸化炭素や水蒸気による吸収が見られる。滑らかな曲線は様々な地表温度に対する理論上の放出赤外線スペクトル（R. A. Hanel et. al, J. Geophys. Res. 77. 2629-41（1972）による）

図4　サハラ砂漠上で観測された地表からの赤外線スペクトル

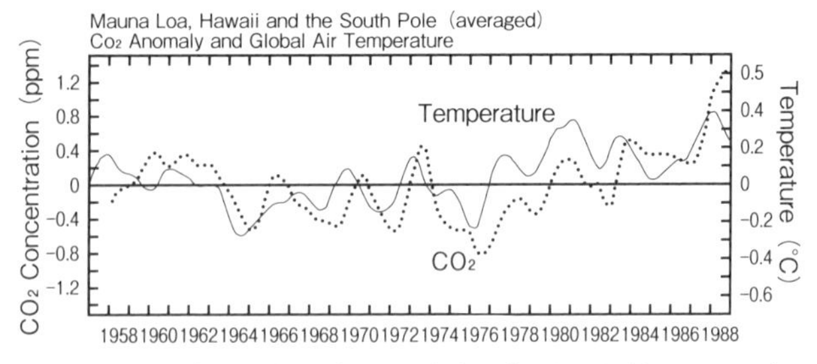

気温の変化と二酸化炭素の変化の対応。気温の上昇はほぼ1年CO_2の増加に先行している（C. D. Keeling in Geophysical Monograph 55 Aspect of Climate Variability in the Pacific and the Western America（D. H. Peterson, ed.）, American Geophysical Union, p210（1989）による）

図5　気温の変化とCO_2濃度変化の対応

いるとされています。このことは、“二酸化炭素が増えるから気温が上がるのではなく、気温が上がると二酸化炭素の放出が増す”ということを示唆しているように思えます。さらに、気温の変化は二酸化炭素よりもメタンの濃度変化により良く対応しているのです。

このことは、気温が高くなると、永久凍土の下に大量に埋蔵されているクラスレートが解け出してメタンが放出され、大気中で酸化されて二酸化炭素になると考えると説明できます。メタンと二酸化炭素は一緒になって気温の変化を増幅しているということになります。このことは、前章で述べた南極のボストニーク基地で得られたコアサンプルの分析結果とも合致します。

大循環モデル

地球大気の精巧なモデルは現在のところ望めません。現状は天気予報のための数値モデルが基礎になった計算しかできず、精々数日間の変動しか取り扱えません。その上、重要な要因である海洋循環や氷雪の変動は固定して扱わざるを得ないのです。さらに、雲の生成や水の相転位のような小規模現象の効果はパラメーター化して入力することになります。海洋循環は表層だけに簡略化、氷雪の変動を無視、その上オゾン等の光化学的変動も入れていません。ともあれ、こうした気象モデルを使った計算によると、二酸化炭素濃度が徐々に増えて行く場合の効果は、いきなり2倍になったとした時の計算と比べて、およそ半分程度の上昇率になるという結果が得られています。

現在最も複雑な気候モデルは、大循環モデル（general circulation model GCM）とよばれるものです。このモデルは三次元にわたって気温の時間的展開、温度・風・土の水分、海水やその他の変数を予測することができます。

この最も複雑なGCMモデルでさえも、分析できる変数の数が限られており、地表およびその上空で三次元のグリッド（格子）を大まかに区切ってしか計算できません。多くの気象的現象は、採用したグリッドの升目では扱えない程小さな区域で起ります。例えば、雲は太陽光線を宇宙空間に反射する一方、地表からの赤外線を遮るので、温室効果を調べるには重要なのですが、一つ一つの雲を分析することは不可能です。できることは、グリッドの中の平均的な雲量という形でパラメーターとして入れざるを得ないのです。

地球温暖化の解明という観点からみて、GCMに代表される気候モデルの致命的な欠陥は、プログラムの中に温度上昇あるいは下降のメカニズムが含まれていないことです。われわれが取り扱えるのは前提条件として与えられた二酸化炭素濃度の変動の下で気候がどのように変化するかということに限られます。二酸化炭素濃度と温室効果の因果関係については、観測された相関関係という状況証拠の域を出ていません。

二酸化炭素温暖化元凶説の肯定論と懐疑論

以上、検証して来たように、ジェームズ・ラブロックがガイアと呼ぶところの複雑な地球システムの働きを完全に理解することは、目下のところ望むべくもありません。一世を風靡した感のある“二酸化炭素温暖化元凶説”にしても疑問が残ります。ここでは、いわゆる地球温暖化論とそれに疑問を投げかけている説を比較して列挙してみましょう。

地球温暖化説肯定論の立場から

- ヒマラヤ・アルプス・ニュージーランドの氷河が年々後退
- 南極大陸西部の氷原の氷が消えつつある
- 12万5千年前の間氷期の海水面は現在より6m高かった
- 1億年前は現在より気温は10～15度高く、CO_2濃度は現在の数倍であった
- 温暖化の進行により、水資源の枯渇、水質汚染、海面上昇、氷河湖の決壊が起る
- 過去16万年の氷床のコア試料の測定結果は地球の温度と大気中の二酸化炭素とメタンの量とが密接に連動していることを示している。因果関係は不明だが、気候モデルによる計算では氷河期と間氷期の間の大きな温度振幅（5～7度）の理由の一部になっていると思われる（IPCC第一次リポート）
- 1960年代以降積雪面積が約10％減少、極以外の地域で

山岳氷河の後退が広範囲に見られる（IPCC第三次リポート）

- 1950年代以降、北半球の春夏における海氷面積が約10～15％減少、さらにこの数十年、晩夏から初秋にかけての期間北極の海氷の厚さが約40％減少
- 南半球での海面温度上昇が予想される。その結果、熱帯性サイクロンの中心気圧が下がり、ハリケーンが激化する。同時に、高緯度地方へのハリケーン発生域の広がりを招く
- 温暖化は集中豪雨、大旱魃、極端な高温や低温現象を引き起こす。このような事態は大気の大規模運動の帰趨如何で僅かな気温上昇でも起こりうる
- 今後100年間で最大5.8度の気温上昇と88cmの海面上昇が起る（第三次IPCCリポート）
- 20世紀半ば以降に観測された世界の平均気温の上昇については、90％以上の確率で人間の活動に由来する温室効果ガスの増加が原因だと言える（第四次IPCCリポート）
- アシモフの計算によれば数度の気温上昇があれば、グリーンランドと極地付近の他の島々の氷が融け、海面が5.5m上昇する

地球温暖化懐疑論の立場から

- 南極大陸西部の氷原は数度Cの気温上昇によって消失する可能性はあるが、最近の研究では、それには何百年も

かかるとされる

・P. D. ジョーンズによれば、平均地上温度は100年当たり0.6度Cの上昇、そして海面水位は100年で20cmの上昇を示す。この上昇は水温上昇による海水の熱膨張で説明できる
・M. バディコは地球気候史の研究から、現在のCO_2濃度に対し気温の上昇分は3度と見積もっている
・ヒマラヤやアルプスの氷河は標高の高い山岳地帯に夏の時期に降り積もった摂氏零度近い温度の雪から成長する。したがって僅かの気温上昇で氷河が成長できなくなることは予想される
・同じことは南極大陸西部の氷原についても言えるが、高度が高く氷点下より遥かに低い温度の東部の氷が融けることはない
・気温上昇は南極大陸の氷を融かさず、温暖化で大気中の水蒸気が増えることにより降雪量が増える。米海洋気象局の気象衛星の観測データによると、1971～1972年に北極の氷海と氷原は10%増加している
・海面水位はグリーンランドの氷の融解で0.5mm/年の上昇、南極の氷床拡大で1.5mm/年の下降。したがって、実質1mm/年の低下となる
・S. H. シュナイダーによれば、温度上昇による熱膨張の影響は、海水温25度の時3cm/度、0度の時0.5cm/度
・人工衛星ニンバスの計測した赤外線スペクトルから見るとCO_2の温室効果はほとんど飽和しているように見える

（この点については、10ないし20年以上離れた時点で観測した同種のデータを比較することによって確かめられるはずであるが、残念なことに、4号の後に打ち上げられた7号迄の気象衛星では赤外線データは観測されていない）

・大気中のCO_2濃度と気温は良い相関を示しているが、気温の上昇の方がCO_2濃度の増加よりも1年程先行している。CO_2が増えたから気温が上がったのではなく、気温が上昇してCO_2が放出されたように見える（C. D. キーリング）

・根本順吉によれば、過去16万年の気温の変化は地球の軌道要素の変動で説明できる。CO_2濃度はその振幅を増幅する役目（追随効果）

以上の結果を見ると、肯定論、懐疑論のいずれにも無視できない観測結果が含まれており、簡単には決着がつきません。さらに問題なのは、前述したシュナイダーの分析結果によれば、太陽から入射するエネルギーの実に88％に匹敵する量の熱エネルギーが地球内部と地表から放射され、そのまま地表に戻されているということがあります。これは、人類が消費するエネルギーが増加すれば、そのまま直接的に地球の温暖化を進めることになることを意味します。この問題は二酸化炭素の温室効果よりもはるかに重大な影響を及ぼすはずですが、現在の量的な関係からいって、このことについてはあまり世人の注意を引いているとはいえません。

ここで強調したいのは、温暖化問題は未だに完全に解明されたとはいい難く、あらゆる可能性を排除すべきではないということです。ラブロックが言うように、地球の温暖化はすでに取り返しがつかない段階にまで進んでしまっているのか、それとも懐疑派の主張するように、それ程恐れるには当たらないのかは、今後慎重に見極めなければならないのです。とりあえず、われわれ人類が生き残るためには、シュナイダーが喝破したように、「もし、、、、、、したらどうなるか」だけでなく、「もし、、、、、、でなかったらどうなるか」をも併せて常に念頭において対処するべきでしょう。

その良い例が二酸化炭素の問題です。現在は二酸化炭素が地球温暖化の元凶であるという見解が一世を風靡している有様で、何がなんでも二酸化炭素の放出量を抑えねばならないという極端な意見に染め尽くされています。その有力な対策として、食料や家畜の餌となるトウモロコシ等の農産物がバイオ燃料に転用されるようになった結果、食料や飼料の欠乏や価格の高騰を招く一方、金もうけのために耕地面積の拡大を狙って熱帯雨林の破壊を来すという逆効果を生み出しています。

国連食料農業機関によれば、2005年迄の5年間に日本の国土面識に匹敵する森林が地球上から失われたとされています。その原因は、木材生産のための伐採や盗伐、森林火災そしてプランテーションのための農地への転換です。二酸化炭素の量を押さえれば本当に温暖化は抑えられるのか、アフリカ等の貧困層を飢餓に追いやり、地球環境の破壊を加速させて迄二酸化炭素の削減を図る価値があるのかを改めて問いかけることが必要なのではないでしょうか。現在進行中の温暖化防止対策の議論には温暖化が直接飢餓をもたらし得るという視点が欠けています。食糧危機の問題は温暖化の議論の中でもっと強調されなければなりません。

もっとも、地球環境が憂慮すべき状態にあるというのは、われわれ人間から見ての話であって、人類が絶滅した後のガイアは恐らく何ら痛痒を感じることなく、速やかに自らに適した環境を取り戻していることでしょう。ただし、その時点で地球上の生物相は現在とは大幅に異なっているかも知れません。

第14章　今そこにある危機

中国の経済成長と環境破壊

ラブロックに言わせれば、“地球温暖化は今や取り返しのつかない段階にまで進行してしまっている。人類に残された救いの道はない”ということになります。しかし、これまで述べてきたように、そこまで悲観的になる必要があるかどうかについては明確ではありません。

今、世上で声高に叫ばれている温暖化の被害と言えば、氷河湖の決壊と南太平洋のツバルが水没するということです。氷河湖について言えば、例えそのような湖が幾つあったとしても、徐々に水抜きするなり、十分な強度の堤防を築くなり、対策を講じる時間的余裕は十分にあるはずです。一方ツバルを始めとする太平洋の島々について言えば、僅か人口1万人程度の小さな島々を救うことは70億の人類にとっては何ということもないでしょう。

中国・インドに代表される開発途上国の経済発展は目覚ましく、今や不況に喘ぐ世界経済の牽引者と見なされるに至りました。中でも中国の経済成長は抜きん出ており、西暦2007年の時点で日本のGDPのおよそ半分であった中国のGDPは2010年には日本を抜いて世界第2位になりました。

一方で、2007年の中国の石油消費量は日本の1.3倍となっており、如何に中国のエネルギー効率が悪いかが分かります。さらに、世界の需要増加分の30%が中国によるもので、これが石油供給のひっ迫と価格の高騰の最大の要因になっています。

次に、中国の粗鋼生産量を見てみますと、1996年にすでに日本と同じ年間1億トンの水準を達成していますが、2000年以降毎年3千万トンずつ増加を続け、2007年には2億8千万トンにまで上昇しています。

中国は、粗鋼生産体制を作り上げるに当たって、日本で稼動している4000立方メートルの大型高炉を導入しようとしました。その際、我が国のメーカーに日本で達成しているのと同等の生産効率を保証することを求めましたが、受け入れられませんでした。高炉を性能一杯の効率で運転するには多岐にわたる高度な技術を具えた技術者集団のバックアップが不可欠であり、そのような技術者集団が望むべくもない中国に保証することはできないというのがその理由でした。結局、中国は大型高炉の導入を諦め、効率は悪くとも運転の容易な100乃至400立方メートルの小型炉を数多く建設する道を選びました。その結果、粗鋼生産のエネルギー効率が極めて低くなるのは当然のこと、劣悪な小型炉から大量の燃焼ガスを大気中に放出することになりました。

高炉の燃料にはカロリーの高いコークスを必要としますが、我が国を始め先進諸国が使用しているような、有害ガスを完全に閉じ込め環境に放出しない最新鋭のコークス生産炉は中国にはなく、劣悪な炉を使用して有害ガスを大気中にそのまま放出しています。それどころか、最悪のケースでは、石炭を野積みにしてそのまま燃やしてコークスを作っている例すら見受けられます。

環境汚染

近年、ハイテク産業に必須の原料となったレアアースの供給量の実に97%を、世界は中国に依存しています。それは価格の点で圧倒的に安い中国産にどこの国も太刀打ち出来ず、撤退してしまったからです。しかるに、ここにきて、中国がレアアースの生産を抑え、ほとんど禁輸状態に近い措置を取り始め、世界経済に重大な支障が生じています。これは資源の保全の目的もさることながら、レアアースの生産行程で発生する環境汚染が無視できなくなったせいではないかと思われます。レアアース鉱石の採掘には放射性物質であるトリウムが一緒に産出し、多い時にはその割合が50%にもなります。トリウムは天然の放射性物質としてはウラン等と比べて極めて強い放射能を出し、大量に放置すれば重大な放射能障害を引き起こす危険があります。しかも大量のトリウムは原子炉に入れて、核燃料として燃やす以外には処理する方法がありません。

さらに、レアアース鉱石の溶解、精製工程では酸を大量に使用しますが、その酸の無害化も容易ではありません。レアアース生産過程で発生するトリウムや酸の処理を適正に行なおうとすれば、多額の費用を投じなければならず、中国産レアアースの価格の格段の安さから見て、中国では、恐らく何らの処置もせず環境に放出していると思われます。それが積もりに積もって今や環境汚染が許容範囲を超えるようになったため、生産量を抑制せざるを得なくなったということではないでしょうか。

中国国内の大気汚染も無視することが出来ません。重工業都市の重慶を始め、北京の自動車公害等が早くから知られていますが、もろもろの過程で放出された硫黄酸化物や窒素酸化物は偏西風に乗って我が国の日本海沿岸に飛来します。これらのガスは雨に溶け込んで硫酸や硝酸となって降り注ぎ、一帯の木々を痛めつける、いわゆる酸性雨被害が顕著に認められます。さらに、これらの酸を含んだ雨水は河川に流れ込み、ために酸性度が高くなって、魚影が認められなくなった湖沼すら報告されています。

我が国の大都会でひところ夏になると頻発した光化学スモッグは、その後、排ガス規制の強化等の努力によって克服されましたが、最近になってまた出現するようになりました。その元凶は、中国から飛来する大気汚染ガスであろうと言われています。

それとは別に、硫黄酸化物や窒素酸化物の一部は日本に飛来する途中で酸化され、日本列島に到着する頃には低層オゾンに変わり、そのため我が国では呼吸器系の疾患が増加しています。疫学的追跡調査では、我が国の呼吸器系患者の発生率は世界平均の3倍に上ると報告されており、これは実に由々しき事態であると考えられます。

沙漠化と水飢饉

中国では、今や西と北から押し寄せる沙漠化の波に侵食されつつあり、農耕地もまた例外ではあり得ません。北京ですら西郊の観光スポットである、万里の長城“八達嶺”のすぐ西側にまで沙漠が押し寄せて来ている情勢で、沙漠化の危機が強く意識されるようになってきています。

内モンゴル自治区内の沙漠の植林については、日本のボランティアたちが過去30年にわたって主要な役割を果たしていますが、ここに至って、中国政府もようやく本腰を入れて取り組む気配を見せています。地方政府機関にもその傾向がみられ、なかでも豊富な地下資源に恵まれて国内有数の富裕市になった、内モンゴルのオルドス市は特に熱心で、多額な予算を投入して、広大な地に植林を行っています。

一方で政府は自治区の遊牧民から彼等の生計の基である羊や山羊を取り上げて、代わりに補償金を支給する政策を進めていますが、これは草原や草原に生えている乏しい木々の消滅を防ぐ目的であると思われます。それにも拘らず、沙漠化の勢いは目立った衰えを見せず、30年来の日本の植林チームの成果も沙漠を減らすという結果には結びついておらず、偏西風に乗って我が国に飛来する黄砂は激しさを増す一方です。

その一方で、水不足も深刻になっています。その状況は揚子江と並ぶ二大河川である黄河で顕著に現れ、黄河は中流域で見る影もなくやせ細っています。その直接の原因は灌漑用の水をあちこちで取られて水が涸れてしまうことにありますが、大本は上流域での雨量が減っていることです。上流域一帯が旱魃傾向にあることを示していると思われます。オルドス市付近では、植林作業を進める傍ら、日本の沙漠緑化実践協会の故遠山正瑛博士が指導した沙漠農業に大規模に乗り出した結果、大量の地下水を汲上げるようになり、そのため早くも地下水脈が枯れる兆候を見せ始めています。これには地下水の供給源である天山山脈に降る雪が減って雪解け水が減ってきていることも関係しています。このままでは、折角これまで植林してきた450万本のポプラの行く末も危ぶまれます。

さらに、東南アジアの国々を貫いて流れる大河メコン河では、上流の中国国内で灌漑用の水の汲上げによって、下流で十分な水が得られなくなったという苦情が出始めています。かてて加えて、中国国内各地の工場が垂れ流す有毒廃水による水質汚染も深刻な影響を及ぼしつつあることも明白な事実です。

実のところ、淡水の供給不足という問題は、中国のみならず世界中の開発途上国に共通した緊急課題で、これから述べる食糧危機と並んで、人類が取り組むべき最重要課題なのです。

中国農業の崩壊と世界的食糧危機

土地の所有が認められていない中国では、農民は国から土地の使用権を取得して農耕に従事しています。ところが、経済力の著しい発展に伴って資金力を身に付けた富裕層が、地方の政府出先機関と結託して土地の使用権を農民から取り上げ、巨大な集団農場を経営するようになりました。その結果土地を奪われた農民たちは、このような集団農場の小作人にならざるを得なくなります。

小作人となって土地への愛着を失ってしまった農民たちは、当然のことに、土地の改良・向上に熱意を持つはずはなく、経営者の命ずるままに、機械的に農作業を行うだけになります。経営者の目的は作物の収穫量をあげることにあり、土地を痛めることに頓着せず、危険な農薬を使用することも躊躇しません。今や、各地で農耕に適さない土塊に変わってしまった農地が出現しつつあります。

そして、農民の無知も災いして、健康に有害な農作物が市場に出回り、一般の人々は不安があってもそれらを摂取せざるを得ないのです。一握りの富裕層だけが、値段を気にせず高値の日本産の農作物を購入して、健康の保持に努めているのが現状です。

このような収奪農業の現状は充分危惧すべきものですが、実は人類にとって最大の危機がそこに秘められていることに注目しなければなりません。このままの状態で中国の収奪農業が続けば、やがて土地の生産能力が失われ、中国農業の完全な崩壊を迎える恐れがあるのです。その結果、13億の中国人民は食料を海外に求めざるを得なくなると予想されます。現在化石燃料について起こっていることが、食料にも起こることになります。そうなれば中国だけの問題ではなくなり、一挙に食糧危機は世界規模になり、人類は滅亡の淵に立たされることになります。したがって、中国の農業事情は独り中国だけの問題ではなく、世界全体の問題としてこだわっていかざるを得ないのではないでしょうか。これこそが人類が現在直面している最大且喫緊の危機であると言えます。

終章　未来への展望

クラークの描く未来像

「2001年宇宙の旅」で有名なアーサー・C. クラークは、未来予見の的中率が最も高いSF作家として注目されています。彼が通信衛星のアイデアを論文として発表したのは1945年のことでした。通信衛星が実用化した後で、彼が特許を取っておかなかったことを悔しがってみせたのは有名な話です。その他にも、彼のアイデアが現実の宇宙開発に取り入れられた例は少なくありません。

たとえば、1947年に、クラークが月へ行くまでの準備段階を描いた「宇宙への序曲」の中では、宇宙船は地表と地球周回軌道を往復する部分と周回軌道と月とを往復する部分の二つから構成されていますが、この方式は、司令船と月着陸船が月周回軌道上でドッキングする方式のアポロ計画より優れており、後にスペースシャトルのコンセプトにその影響を見ることができます。また、彼の着想による電磁加速式マス・ドライブという考えは、月面から地球に向けて資源を投げ上げたり、小惑星の軌道を変えたりするのに有望だとして注目を集めています。1951年にクラークが提案した無人機による火星探査の様子は、13年後のマリナー宇宙船でほぼその通りに再現されました。

1982年にクラークが書き上げた「2010年宇宙の旅」の

中には、木星の衛星エウロパに存在する水とそこに住む生物のことがリアルに描写されています。驚嘆すべきことに、1997年に、アメリカ航空宇宙局は、木星探査機ガリレオが撮影したエウロパの最近接画像を基に、エウロパには生命を育む暖かい水が存在し、生命体が存在する可能性が高いとする発表をしています（1997年4月10日付朝日新聞夕刊）。

クラークもそうですが、SF作家はおしなべて人類の未来について楽観的な見方をしています。あの著名なアシモフにしても、彼のライフワークである一大叙事詩「銀河帝国興亡史」の中で、悠久の彼方に向けての人類の繁栄を書き綴っています。

われわれに未来はあるか

翻って、わたくしたちの置かれている現状を見ると、とても楽観的な気分にはなれないというのが偽らざる心境です。環境破壊が進み、地球上の至る所で武力紛争が絶えず、核兵器の拡散やテロの横行に脅かされている人類に残された時間は、そう長くはないのではないかという絶望感を抱いている人は少なくないのではないでしょうか。もしこの世に神ないしSFに登場するような超知性体が存在するならば、間違いなく人類は不適格者としてこの世から排除されることでしょう。

そんな最悪な状態から抜け出し、未来に希望を見出すことは可能でしょうか。この質問に対する答えはイエスです。

ただし、それには条件があります。すなわち、これ以上の自然破壊、環境汚染を起こさないようにすると同時に、修復可能な自然は出来るだけ元の状態に戻すこと、さらに人口の増加を出来るだけ抑制することがその条件です。そのような条件が充たされた上で、前章に述べた飢餓という最大の危機を回避できれば、新しいテクノロジーの登場が私たちに未来への希望を与えてくれるでしょう。

新しいテクノロジー

すでにその萌芽を幾つか見ることができます。その一つが、生ゴミの再生利用です。我が国では、メタン菌を使った高温発酵により生ゴミをメタンに変え、それから水素燃料電池を作って発電と熱利用を進める研究が進められています。生ゴミを燃料に変える施設は全国各地に数多く作られていますが、最近、その中の一つで燃料貯蔵用のタンクが爆発して燃焼し、人命が失われる惨事が起こりました。この事故により、生ゴミ再利用の安全性に関して再検討せざるを得ず、ために開発は一時スローダウンせざるを得ないでしょうが、やがては再開発が始まることでしょう。一方、九州大学工学部では、生ゴミ中のでんぷん・糖の乳酸菌発酵によってポリ乳化プラスチックの製造研究が行われていると報じられました。また自動車メーカーでは、ジメチルエーテルを燃料とする燃料電池自動車の開発が進められています。

光を吸収して、そのエネルギーを光を吸収しない反応物に与えて反応を起こさせる物質を光触媒と呼びます。光触媒には均一系と非均一系とがありますが、非均一系光触媒の一つである酸化チタンが目下非常な注目を浴びています。光触媒は水の電気分解によって水素と酸素を発生しますが、酸化チタン膜の電気分解効率は極めて高いことが知られています。それのみならず、最近になって酸化チタン薄膜は超親水性を呈することが見出されました。さらに、光電気化学反応で発生する活性酸素の働きによって、有機物が分解される効果もあることが分かってきました。このため建物の表面を酸化チタン膜で覆った場合、汚れ難く、たとえ汚れたとしても、簡単に汚れを洗い落とせるという特質が得られます。そのために、現在新築のビルやマンションの外壁は、すべて酸化チタンの薄膜でコートされるようになっています。さらに、酸化チタン膜の上に水の薄い層を形成させることで、水の蒸発の際の気化熱で建物が冷却されて、ヒートアイランド現象の解消が見込めるという効果も期待されます。我が国で開発された光触媒技術は多様な可能性を秘めており、今後一段とその研究・実用化が図られることでしょう。

海水の温度差を利用して発電を起こすというアイデアが、1981年にフランスで発表されました。2004年になって、佐賀大学でこの原理を適用した発電システムが作り上げられました。このシステムは、表層面の海水と海面下500ないし1000メートルの深層水との温度差を利用して、アンモニアの気体－液体サイクル循環によって発電させるというものです。今後この海洋温度差発電が実用化されるかどうかは、深層水の汲み上げに要するエネルギーを上回るエネルギーが得られるかどうかと、はたして火力発電や原子力発電に匹敵するほどの大エネルギー源となり得るかどうかの二点にかかっています。

失われた緑の復元

一方、すでに失われてしまった環境を取り戻そうという努力もあちこちで払われています。我が国最大の山林破壊と言われ、一時は回復不能ではないかとさえ思われていた、栃木県の旧足尾銅山の引き起こした公害跡地でも、50年前にスタートした緑化プロジェクトに参加した地元の人達の努力によって、半分以上の面積に広葉樹の森が蘇って来ています。また、中国奥地の沙漠の植林や熱帯雨林の再生に向けての取り組みがいろいろなグループによって行なわれています。しかも、その中心になって活動しているのは、日本のボランティアグループであるのは、わたくしたちにとって心強いことです。

植林活動の中心となって活躍してきたのが、主に中国奥地の沙漠地帯を中心に植林活動を続けた日本沙漠緑化実践協会の遠山正瑛と日本の里山や熱帯雨林の再生に取り組んでいる国際生態学センターの宮脇昭でした。遠山は、鳥取大学教授時代に鳥取砂丘で行なった研究を基にして、沙漠植林の指導に世界各地を飛び回り、また、自ら率先して内蒙古の沙漠で450万本のポプラを植林し、沙漠を美しい緑

図6　カラホト遺跡での植林活動
（日本沙漠緑化実践協会提供）

地帯に変えることに成功しています。また、黄河流域の黄土地帯の緑化にも取り組んでいます。彼の播いた植林活動の種は着実に成長し、中国奥地から東南アジアにかけて様々な活動が続けられています。

鎮守の森

宮脇昭は、アマゾンやボルネオでの熱帯雨林の再生や北京郊外の万里の長城間近にまで迫って来た砂漠での植林も行なっていますが、最も力を注いだのは里山の復活でした。彼は、植物社会学の理論と豊富な実体験をバックに、現状から人間の影響を完全に取り除いた場合に、その土地の自然環境の総和がどのような自然植生を支える能力があるかを理論的に考察する潜在自然植生理論を展開して、企業や行政までも巻き込んだ壮大な緑化運動を組織し、4000万本を超える広葉樹を植林し、森を育ててきました。これは、単に原初の森を再生するのではなく、すでに環境破壊の爪痕が刻み込まれた状態から出発して、その土地の再生能力を引き出そうという方法です。“緑の寄生虫”である人間の経済活動をある程度認めながら本物の森を回復させようというのです。

彼によれば、その最も良いお手本が日本全国に細々と残されている鎮守の森であり、その代表的な例を明治神宮の森に見ることができると言っています。鎮守の森こそは、私たちが世界に誇れる日本の英知であり、Chinju-no-moriは国際植生学会などでそのまま公用語になっています。

宮脇の植林活動のもう一つのキーワードが「密植混植」です。それは色々な高木、亜高木の広葉樹を混ぜて不規則に植えるということです。もともとわが国の植生は、平地、丘陵、低山地には常緑広葉樹、北海道、東北、山地に落葉広葉樹、そして標高1600から2500mの高地に亜高山性針葉樹という分布をしていました。それが、江戸時代から全国各地で材木として“有用”なスギ、ヒノキ、マツの画一的な植林が行なわれるようになり、特に第二次大戦後には国策として広葉樹を切り倒して針葉樹の人工林に変える動きが加速されました。その結果、本来の植生であるべき広葉樹林帯は、現在では、全森林面積のわずか0.06％にまで減少してしまいました。

緑のダムを作る

スギやヒノキなどは、広葉樹に比べて浅根性で、根の張り具合がザルのようになっていて、雨水の保全機能、水や空気の浄化機能、集塵機能が低い上、倒れやすいといった欠点があります。その上、絶えず枝打ちや間伐などの手入れを行なわなければなりません。しかし、最近の人手不足に加えて、林業そのものが安い輸入外材に国内産の材木が太刀打ちできずに不振に陥り、山林は手入れもされずに放置されて荒れるにまかせるようになりました。

国土のほとんどが急峻な地形である我が国では、毎年台風や大雨の度に崖崩れや地滑り、そして洪水などに襲われ、貴い人命が失われると共に莫大な物質的損害を被っています。また、諸外国に比べて河川の勾配が極めて急なために、せっかく降った雨水のほとんどはそのまま海に流れ出してしまい、しばしば水不足に悩まされることにもなります。また、流れ出す土砂を防ぐ砂防ダムや貯水ダムは僅かの間に土砂に埋まってしまって役に立たなくなってしまいます。

対照的に、シラカシやブナのような広葉樹は、根群が土中深くしっかりと張って斜面を保持しますし、保水能力も高く緑のダムと呼ばれるくらいです。確かに、宮脇の進める潜在自然植生の再生をめざす植林では、初期投資費用はある程度必要ですし、はじめの三年間は管理が必要ですが、それ以降はほとんど森を管理する必要は無く、自然の成りゆきに任せておけば良いという点が優れています。それだからといって、宮脇の思想は、林業やその他の経済活動を一切認めず全て広葉樹林帯にしてしまおうというのではありません。人間の経済活動との折り合いを図りつつ、僅か0.06％にまで減少してしまった広葉樹林帯をできるだけ回復したいという懐の深い計画なのです。

林業の新しい姿

しかしここで問題になるのは、我が国の林業が今や絶望的な情勢に落ち込んでいるということです。このままでは、山持ちの農家は山林の管理に意欲を持てず、山はどんどん荒れてくるという憂うべき事態になりかねません。そのような事態から脱却するには、山林に新しい付加価値を見い出す必要があります。最近とみに問題視されている地球温暖化にからんで、森林の持つ二酸化炭素吸収能力が注目されるようになりました。最近、森林の二酸化炭素吸収力をインターネット上でオークションにかける試みがなされました。この時は取り引き成立には至りませんでしたが、これからの山林経営に指針を与える試みといえましょう。

まだ大きな潮流になっているとはいえませんが、環境破壊を食い止めるという視点から、河川の上流域の山林を涵養して保水能力を高めることによって、ダムに頼らずに川の氾濫を防ぐという脱ダム計画や、コンクリートの護岸を壊して元の形にできるだけ近い川を復元することで、川の生態系を取り戻そうという運動も世界のあちこちで見られるようになりました。

1960年代に入って東南アジアからの木材輸入を本格化

させた日本のＭ商事は、森林破壊の元凶として世界中からバッシングを受けました。しかし実情は、伐採するのは1ヘクタール当たり高々5、6本しか生えていない胸の高さでの直径が80センチメートル以上の超高木だけに限られ、周囲の樹木を傷めないように注意して伐り出すということで、森林システム自体を保持するような配慮が払われていました。その上、この商社は、宮脇教授の指導の下にアマゾンやボルネオで熱帯雨林そのものの再生に取り組んでもいます。

これらの例を見るだけでも、環境と折り合いを付けながら、われわれも生きながらえてゆく可能性は十分見込むことができそうです。ただ人類が活動し続けるためには、エネルギーの確保が不可欠になります。前の章で見てきた通り、わたくしたちは出来るだけ早く、次世代エネルギーを開発し、脱化石燃料と脱原子力を図らねばなりません。人類が繁栄できるか否かは、次世代エネルギーの開発の成否にかかっているのです。

次世代エネルギー

次世代エネルギーとして有望なのは、1）砂漠での太陽光電気分解と海水の淡水化、2）宇宙空間での太陽光発電、3）月面でのヘリウム3と中性子との核融合、4）マグマ熱発電、5）海洋温度差発電の五つと、高温超伝導ケーブルの開発による送電ロスの抑制であると考えられます。1）については、サハラ砂漠が最も有望で、砂漠の広大な地面にソーラーパネルを敷き詰めて発電を行い、その電気を使って、まず海水の淡水化プラントを動かします。生成した水の一部の電気分解によって水素ガスを製造し、世界各地に送ります。残りの水で砂漠の緑化を図るというもので、この計画は現在の技術で直ちに取りかかれる筈です。ただし、砂による光電パネルの磨耗を防止する方策を立てることが必要です。さらに、計画の立案の段階でしっかりとした環境アセスメントを行わねばならないことはいうまでもありません。

2）と3）では、作り出したエネルギーを地球上のわたくしたちがどのように利用できるかという問題を解決しなければなりません。人工衛星や月からエネルギーをマイクロウエーブの形で地球に送る方法がすでに研究されていますが、最後にはマイクロウエーブの指向性の安定度が鍵を握っています。なお3）についてですが、ヘリウム3がヘリウム4の百万分の一しか存在しない地球の大気中と違って、月面ではヘリウム3の存在比がヘリウム4とそれ程極端に違わないので、ヘリウムの採取さえ順調にいけば、融合反応自体にはなんら問題なく、極めて有望な方法となります。

4）では、従来の地表に噴出する地熱を利用する発電と異なり、マグマ溜まりから直接熱を取り出す発電方式が可能になれば、十分なスケールのエネルギー源になるでしょう。

最後に、送電ロスの抑制の問題ですが、もしロスをほとんどゼロに出来れば、その効果は絶大で、恐らくそれだけで化石エネルギーの穴のかなりの部分を埋めることが可能になる筈です。そこまで徹底しなくても、もし液体窒素の温度以上で超伝導性を示す物質が見つかれば、100％は無理としても、出来るだけ超伝導の送電ケーブルを敷設することで、かなりの割合で送電ロスを防ぐことが可能になります。

これまで述べてきたことから、人類の未来は必ずしもそれ程悲観的ではなく、繁栄をしていくことも可能であるという希望を持てるような気がします。しかしそれには、一にも二にも宿主であるガイアと調和を保ちながら謙虚に暮らしていくことを忘れてはなりません。これからは、皆が少しずつ譲り合い我慢しあうように心掛けなければならないのです。

参考図書

1）竹内均編「ブラックホール宇宙」ニュートン別冊　教育社（1990）

2）佐藤文隆、松田卓也著「相対論的宇宙論」ブルーバックス　講談社（1974）

3）P. C. W. デイヴイス著（松田卓也、二間瀬敏史訳）「ブラックホールと宇宙の崩壊」岩波現代選書（1983）

4）R. ゼックスル、H. ゼックスル著（岡村浩、黒田正明訳）「白色矮星とブラックホール」培風館（1985）

5）I. アシモフ著（小隅黎、酒井昭伸訳）「大破滅」講談社（1980）

6）R. ミュラー著（手塚治虫監訳）「恐竜はネメシスを見たか」集英社（1987）

7）M. コリス著（金森誠也訳）「コルテス征略誌『アステカ王国』の滅亡」講談社学術文庫　講談社（2003）

8）マルモンテル著（湟野ゆり子訳）「インカ帝国の滅亡」岩波文庫　岩波書店（1992）

9）中原英臣著「ウイルスの正体と脅威」河出書房新社（1996）

10）R. カーソン著（青樹簗一訳）「沈黙の春」新潮社（1974）

11）資源エネルギー庁監修「2000資源エネルギー年鑑」通産資料調査会（1999）

12）「朝日年鑑1999」朝日新聞社（1999）

13）「2003世界年鑑」共同通信社（2003）

14）安藤良夫著「原子力船むつ」ERC出版（1996）
15）高木仁三郎著「脱原発へ歩みだす1」高木仁三郎著作集1　七つ森書館（2002）
16）高木仁三郎著「反原発出前します」七つ森書館（1993）
17）原子力資料情報室編「原子力市民年鑑」七つ森書館（2000）
18）もんじゅ事故総合評価会議「もんじゅ事故と日本のプルトニウム政策」七つ森書館（1997）
19）JCO臨界事故総合評価会議「JCO臨界事故と日本の原子力行政」七つ森書館（2000）
20）馬渕久夫編「元素の事典」朝倉書店（1994）
21）高木仁三郎著「プルトニウムの恐怖」岩波新書　岩波書店（1981）
22）草間朋子編「ICRP1990年勧告　その要点と考え方」日刊工業新聞社（1991）
23）馬場宏著「食品放射能の許容値を考える――非常時に許される安全基準とは――」現代化学、2012年3月号、p22、東京化学同人（2012）
24）馬場宏著「食品に対する安全基準についての一考察」放射化学ニュース　日本放射化学会（2012）
25）山崎道夫、広岡俊彦共編「気象と環境の科学」養賢堂（1993）
26）S. H. シュナイダー著（内藤正明、福岡克也監訳）「地球温暖化の時代――気象変化の予測と対策」ダイヤモ

ンド社（1990）
27）根本順吉著「超異常気象――30年の記録から」中央公論社（1994）
28）和田武著「地球環境論――人間と自然との新しい関係」創元社（1990）
29）J. ラブロック著（秋元勇巳監修、竹村健一訳）「ガイアの復讐」中央公論新社（2006）
30）気象庁・環境省・経済産業省監修「IPCC地球温暖化第三次レポート」中央法規出版（2002）
31）気象庁編「地球温暖化の実態と見通し――世界の第一線の科学者による最新の報告」（IPCC第二次報告書）（1996）
32）霞ヶ関地球温暖化問題研究会編訳「IPCC地球温暖化レポート」中央法規出版（1991）
33）米本昌平著「地球環境問題とは何か」岩波新書（1994）
34）木庭元春編著、横山順一、桑原希世子、貝柄徹著「宇宙・地球・地震と火山」古今書院（2007）
35）薬師院仁志著「地球温暖化論への挑戦」八千代出版（2002）
36）武田邦彦、薬師院仁志他著「暴走する地球温暖化論」文藝春秋（2007）
37）和田武著「新・地球環境論――持続可能な未来を目指して」創元社（1997）
38）新田尚、伊藤朋之、木村龍治、住明正、安成哲三著

「キーワード気象の事典」朝倉書店（2002）
39）A. C. クラーク著（山高昭訳）「宇宙への序曲」早川書房（1992）
40）A. C. クラーク著（伊藤典夫訳）「2010年宇宙の旅」早川書房（1994）
41）遠山正瑛著「よみがえれ地球の緑——沙漠緑化の夢を追い続けて」佼成出版社（1989）
42）宮脇昭著「緑の証言——滅びゆくものと生き残るもの」東京書籍（1983）
43）宮脇昭著「森はいのち——エコロジーと生存権」有斐閣（1987）
44）一志治夫著「魂の森を行け」集英社インターナショナル（2004）
45）諏訪兼位著「アフリカ大陸から地球がわかる」岩波ジュニア新書　岩波書店（2003）
46）理科年表　2005年版　丸善（2004）

あとがき

わたくしが大学を卒業した昭和33年は、ようやく敗戦後の混乱がおさまり、日本中が飢餓状態から抜け出しかけたときでした。大学新卒の就職状況も回復の兆しを見せ始め、とくに技術系の就職は売手市場に変わってきていました。わたくしも幾つかの会社から誘いを受けていました。わたくし自身は、大学の研究室に残って研究生活を送りたかったのですが、卒業間際に、父が長患いの末に亡くなったために、長男であるわたくしは、母の頼みもあって、就職せざるを得ませんでした。

自由な研究生活に憧れていたわたくしは、当時発足して間も無い日本原子力研究所に就職することにしました。民間の会社よりも自由に研究ができるだろうと考えたからです。原研に応募の手続きをする前に、たまたま大学に立ち寄られた原研職員である先輩に原研のことをお尋ねする機会がありましたが、驚いたことに、この先輩はあんなところは止めた方が良いと忠告されました。わたくしは、そんな忠告を受けても、民間の会社よりはましであろうと思い、志望を変えることはありませでした。

原研に入所して見て、あらためて先輩の忠告を思い知らされることになりました。現地採用ということで、はじめて東海村を訪れたわたくしは、原研前の停留所でバスを降りたところ、まわりは一面の松林で、どこにも研究所の建物が見当たらず途方に暮れました。一帯には舗装道路も無く、原研は砂だらけの陸の孤島といった有様でした。近所には食堂すら無く、三度三度、寮の食堂で、大学の学生食堂よりも粗末な食事をとるほかありませんでした。はじめて職員が移ってきた前の年の秋には、飲料水の中にアンモニアの混入騒ぎがあり、組合が人権問題だと抗議したと聞かされました。

それよりもっと応えたのは、配属された研究室の態勢が整っていないことでした。原研は昭和32年度から一般公募をはじめ、数百人の新卒者を採用しましたが、かれらを指導すべき中堅以上の研究者が極端に不足していました。そのため、わたくしたちの大半は、研究テーマを与えてくれる指導者もなく、何ヶ月も放って置かれました。34年には、研究体制の確立を要求に掲げて、あわや初のストライキが打たれるという情勢にまでなりました。

昭和33年に始まり、以後恒例となった各部対抗の秋の運動会の仮装行列に、わたくしたちのチームは竜頭蛇尾という出し物を披露しました。竜の頭と蛇の尾を持つ原子力という名の動物が、50年後には東海村の砂に埋もれて知る人もなくなってしまうというストーリーでした。この出し物は入賞しませんでしたが、取材していた報道陣には受けて、翌日の新聞にはとくに記事になりました。

とはいえ、わたくしたちは、“竜頭蛇尾”はあくまでパロディのつもりで、決して原子力の将来そのものに悲観していた訳ではありませんでした。32年の秋には、わが国初の原子炉が臨界に達して動きだし、世の中は原子力の平和利用に大きな夢を抱いていました。原研も徐々に生みの苦しみから抜け出して、若手の成長もあって、研究態勢が整ってきました。原研を中心に、わが国の原子力研究も軌道に乗り、やがて発電用原子炉が次々と建設されるようになります。

当時はまだ地球の環境破壊は深刻な問題になっておらず、地球が限りある存在であるという認識はありませんでした。今から思えば、世の中はまだ牧歌的であったといえます。それから半世紀近く、今やわたくしたちを取り巻く環境は大きく変貌しました。それと共に、世界の原子力事情も、相次ぐ大事故や不祥事もあって様変わりし、今や強い逆風に曝されています。特に、2011年3月11日に東北地方で発生したマグニチュード9.0の巨大地震の結果、東京電力福島第一原子力発電所の事故は、チェルノブイリ原発事故に匹敵するほどの重大事故となり日本中がその後遺症に巻き込まれています。今や、日本はもちろん世界中で、圧倒的な数の人々が原子力という名の竜を砂の中に埋めて葬ってしまいたいと思っているように見えます。

原子爆弾の登場とその後の様々な公害問題の発生で、科学者の良心が強く問われるようになりました。科学に直接携わるものの一員として、しかも、取扱うこと自体が悪であると非難される放射能に関わる研究をしていた一人として、わたくしも長年この問題を心の中に抱え込んでいました。そして、この問題に対して自分なりに出した結論が、この本の内容なのです。

この本には様々な問題提起がなされており、その一つ一つに対するわたくしの意見が述べてあります。読者の中には、必ずしもわたくしの意見に同意しない向きも多いことでしょう。中には、わたくしが明らかに間違っていると思われる読者もおられることでしょう。わたくしの願いは、一人でも多くの人々がこれらの問題を真剣に考え、実りある議論を戦わすことにあります。

日本国民は物事を長期的な目で捉えると言うことが苦手であるように思われます。その最たるものが原子力問題です。反原発グループはいたずらに感情論に終始し、他方、政府・産業界はひたすら正面からの論争を避けて、利益誘導によって反対運動を押さえ込もうとするという不毛の構図が定着しています。そのような状態を脱して、地球環境との折り合いを図りつつ、長期的かつ総合的な観点からエネルギー問題についての議論を進めるべきであり、それを可能にする時間的なゆとりも十分に残されていると、この本は説いているのです。

人類に突きつけられたもう一つの難問である、地球温暖化についてもまた然り、徒らにマスコミに踊らされることなく、温暖化の真の姿を解明すべく徹底的な議論を尽くし、人類のとるべき最善の道を見いださねばなりません。本書がそのような新しい認識を国民の中に産むきっかけとなれば幸いです。

本書の執筆にあたって有益な助言をいただいた畏友古川

路明名古屋大学名誉教授並びに和田武博士に深く感謝いたします。

著者プロフィール

馬場 宏（ばば ひろし）

1934年東京に生まれる。1958年東京大学理学部化学科卒業。1958年から1982年まで日本原子力研究所に勤務し、放射化学の研究に従事する。1961年から4年間アメリカ留学、Ph.D.取得。1982年から大阪大学理学部に移り、研究と学生の教育に従事した後、1997年に定年退職。大阪大学大学院名誉教授。

本書は2005年刊行の『ガラスの地球とホモ・サピエンス　人類に明日はあるか』（新風舎）に加筆・修正したものです。

ガラスの地球とホモ・サピエンス

天変地異・原発事故・温暖化　人類に明日はあるか

2018年5月15日　初版第1刷発行

著　者　馬場 宏

発行者　瓜谷 綱延

発行所　株式会社文芸社

〒160-0022　東京都新宿区新宿1－10－1

電話　03-5369-3060（代表）

03-5369-2299（販売）

印刷所　株式会社平河工業社

ISBN978-4-286-19392-2